全国高等职业院校计算机教育"十三五"规划教材

计算机基础项目化教程
（Windows 7+Office 2016）

孙　霞　主　编

赵　强　沈晓萍　王俊峰　副主编

中国铁道出版社有限公司
CHINA RAILWAY PUBLISHING HOUSE CO., LTD.

内 容 简 介

本书结合高职教育的特点和当前高职教育项目化教学的需要编写而成。全书共分为6个模块：模块一为办公环境配置，讲述硬件和软件配置的基本知识和技能以及计算机保护的相关知识和技能；模块二为数据共享与通信，讲述局域网的组建、连接广域网、因特网的应用；模块三为新产品发布，通过4个特色文档的制作，讲述了Word 2016短文档制作的基本方法；模块四为新产品推广，讲述PowerPoint 2016幻灯片制作的基本方法和理念；模块五为新产品销售数据处理，讲述Excel 2016创建数据表、数据处理和分析的基本方法；模块六为新产品销售总结，讲述Word 2016长文档的排版、注释和修订等应用。

本书为新形态立体化教材，内容新颖、实用，符合学生认知规律，且能同时满足学生知识能力、情感培养的需要。

本书适合作为高等职业院校计算机基础课程教材，也可作为办公软件应用的自学参考书。

图书在版编目（CIP）数据

计算机基础项目化教程:Windows 7+Office 2016/孙霞
主编.—北京:中国铁道出版社有限公司，2019.8（2021.12重印）
全国高等职业院校计算机教育"十三五"规划教材
ISBN 978-7-113-25752-1

Ⅰ.①计… Ⅱ.①孙… Ⅲ.①Windows操作系统-高等职业
教育-教材②办公自动化-应用软件-高等职业教育-教材
Ⅳ.①TP316.7②TP317.1

中国版本图书馆CIP数据核字(2019)第120721号

书　　名：计算机基础项目化教程（Windows 7+Office 2016）
作　　者：孙　霞

策　　划：侯　伟　　　　　　　　　　编辑部电话：（010）63560043
责任编辑：何红艳　彭立辉
封面设计：刘　颖
责任校对：张玉华
责任印制：樊启鹏

出版发行：中国铁道出版社有限公司（100054，北京市西城区右安门西街 8 号）
网　　址：http://www.tdpress.com/51eds/
印　　刷：北京铭成印刷有限公司
版　　次：2019 年 8 月第 1 版　2021 年 12 月第 6 次印刷
开　　本：850 mm×1 168 mm　1/16　印张：17　字数：352 千
印　　数：7 801 ～ 9 801 册
书　　号：ISBN 978-7-113-25752-1
定　　价：45.00 元

前　言

　　本书顺应当前职业教育发展的需要，从办公自动化技术的应用和发展需要出发，结合高职教育的特点，以及当前高职教育项目化教学的需要，改革以往计算机基础教材以知识为本位的编写体例，选取现实办公场景中经典的工作项目，以典型工作项目事实上开展的顺序作为书写顺序，以项目作为知识与能力实现的载体和容器，将知识、能力、情感、思维等的培养嵌入在生动有趣、环环相扣的项目讲述中。

　　本书具有四大特点：

　　一、教材形式为新形态立体化教材

　　为满足读者自主学习的要求，顺应移动互联场景中的课堂教学发展需要，提升课堂教学的容量和教学质量，本书作者设计并完成了教材所有项目实现的相关视频。读者可通过扫描书中二维码，完成相应项目的实现方法及相关知识点学习。同时，在浙江省高等学校在线开放课程共享平台（https://www.zjooc.cn/course/2c918082737109f201737ab78f4a0cce"）上，我们提供了本课程的视频、导学案例、习题、素材等供大家免费下载学习。

　　二、编写体例符合认知规律

　　市场上同类教材，无论是项目式教材还是任务式教材，或者是案例式教材，都存在为了讲述知识点而选取案例的情况。这样选取的案例，不存在事实上的逻辑关系，容易导致学习者将学习过程与现实需要分离，从而失去学习的原动力。本书中所有子项目都基于杜甫家园房产有限公司"紫陌庄园"项目的策划、销售过程，知识的讲述来源于事实上的需要。正是这种需要，才是促进学习者学习的原动力。也只有形成了原动力，才能达成我们教学的知识目标、能力目标和情感目标。

　　三、编写体例能够同时满足知识、能力、情感培养的需要

　　学科教育，不单单是知识教育，还应该包括能力教育和情感教育。本书在编写每个项目时，都包括"项目描述"、"项目分析"、"项目实现"、"相关知识与技能"、"技巧与提高"和"创新作业"等六部分。在"项目描述"中，描述该项目的基本情况，提示学习者在碰到此类问题时获取知识和帮助的途径与方法。"项目分析"明确项目实现的基本步骤和方法。"项目实施"具体说明项目实现的方法。"相关知识与技能"完成对项目中所涉及的知识点和技能的说明。"技巧与提高"是在项目完成的基础上，从知识和能力两个维度提升学习者的认知水平。"创新作业"则是在完成知识讲授和能力培养之后，为学习者设计的实践和创新环节。

四、内容新颖、实用、有效

本书以"Windows 7+Office 2016"作为平台。无论是传统知识模块的讲述，还是典型软件的选取，都以"新颖、实用、有效"为基本原则，选取当前使用最广泛的应用软件，讲述计算机和网络发展中的最新技术和发展趋势，以满足当前大学生的成长需要。

本书共分为 6 个模块：模块一为办公环境配置，讲述硬件和软件配置的基本知识和技能以及计算机保护的相关知识和技能；模块二为数据共享与通信，讲述局域网的组建、连接广域网、互联网的应用；模块三为新产品发布，通过 4 个特色文档的制作，讲述了 Word 2016 短文档制作的基本方法；模块四为新产品推广，讲述 PowerPoint 2016 幻灯片制作的基本方法和理念；模块五为新产品销售数据处理，讲述 Excel 2016 创建数据表、数据处理和分析的基本方法；模块六为新产品销售总结，讲述 Word 2016 长文档的排版、注释和修订等应用。

本书由孙霞任主编，赵强、沈晓萍、王俊峰任副主编。其中，孙霞编写了模块一、三、四，王俊峰编写了模块二，赵强编写了模块五，沈晓萍编写了模块六，全书由孙霞统稿。

在本书编写过程中，我们深知教材对于教学方法和教学理念改革的重要意义。但是，要将符合认知规律的教学理念以教材作为载体表达出来却绝非易事，为此，我们付出了艰苦的努力。希望我们的探索能够对计算机基础课程的改革做出微薄的贡献，并期待读者和同行不吝赐教，对书中疏漏和不妥之处予以指正！

孙 霞

2019 年 4 月

目　录

模块一 ‖ 办公环境配置

作为杜甫家园地产有限公司的职场新人，总经理办公室文员程程上班以后的第一个问题是如何配置自己的计算机，如何管理计算机上的文件，以及如何保护自己的计算机不受病毒的侵犯。本模块将通过4个项目介绍计算机硬件的相关知识、计算机软件的相关知识、杀毒软件、防火墙软件以及Windows 7操作系统文件管理等相关知识。读者将跟程程一起，了解计算机硬件配置的基本原则与方法，主流台式机、笔记本计算机的基本配置；了解操作系统安装和Office 2016安装的基本方法和要领；掌握防病毒软件的基本应用方法；掌握个性化设置桌面和文件管理的方法和思路；在体验中学习，在学习中提升，在提升中获得快乐和成就感。

能力目标

- 能读懂计算机的配置清单，掌握计算机的硬件组成相关知识。
- 能安装Windows 7操作系统、Office 2016及相关应用软件，掌握软件的相关知识。
- 能对计算机进行基本安全防护，掌握信息安全的相关知识。
- 能熟练使用Windows 7资源管理器的文件管理，能熟练使用Windows 7控制面板进行环境的个性化设置，掌握操作系统的相关知识。

项目一 配置一台计算机——计算机硬件组成

项目描述

程程上班后第一件事情，是在公司网络管理中心同事的帮助下，完成个人办公用品的配备和采购。当务之急，必须把个人计算机配置好，才能开始接下来的一系列工作。

项目分析

该项目可分两步完成：
①了解计算机配置的基本原则以及计算机硬件构成的相关知识。
②利用网络和市场询价，给出个人台式计算机或笔记本计算机的配置清单。

项目实现

本项目的相关知识点及实现方法请扫描二维码，打开相关视频进行学习。

一、了解配置计算机的原则

英特尔（Intel）创始人之一戈登·摩尔（Gordon Moore）在摩尔定律中指出：当价格不变时，集成电路上可容纳的元器件的数目，约每隔18~24个月便会增加一倍，性能也将提升一倍。换言之，每一美元所能买到的计算机性能，将每隔18~24个月翻一倍以上。这一定律揭示了信息技术进步的速度。因此，选购计算机时要有发展的眼光，应该根据自己的需要选购适用的计算机，而不是一味求新求全，盲目地追求高价的计算机。

现在计算机市场鱼目混珠，假货、次品也很多，再加上计算机硬件市场变化非常快，所以在购买计算机时，一定要做市场调查，做到心中有数，胸有成竹。

在做市场调查时，建议先上网大致了解主流配置的规格价位，定下基本预算，因为虽然各地市场硬件报价不同，但大致上是差不多的。然后到几个电脑城逛一逛，不仅要了解价位，更重要的是要了解产品的性能。一般情况下，经销商都会给我们拟定一份配置单，这样多写上几份，互相比较，心里就有数了。在购机前，必须搞清楚买计算机干什么用，也就是要什么档次的计算机。

1. 学习型

当前大学已有越来越多的课程作业需要用计算机完成，因此越来越多的学生开始为学习而配置计算机。一般而言，除非美术专业的学生，学校大多数课程作业只是网络资料收集和文档程序编写。这些作业对计算机显卡要求不高，因此可以选用较低端的显卡或者选用带集成显卡的主板，选用能流畅运行主流操作系统（如Windows 7或Linux）的中档CPU和与之相匹配的主板即可。内存可根据自己需求选择，如果需用大型软件（如Oracle等数据库软件），应该选用大内存。显示器选用液晶屏，方便搬运，同时对视力影响也较小。

2. 家用娱乐型

一般家用计算机有着全方位的功能需求，包括学习、娱乐多个方面。目前，对于一般的电影和小游戏，学习型计算机就能胜任。但是，大型3D游戏需要高端的显卡和大内存才可以流畅运行。看高清电影也需要高端显卡和大容量硬盘，配上大屏幕的显示器及高端立体声音响则效果更佳。

3. 商务型

商务型计算机是那些对系统稳定性有着特殊要求的商务人士的选择对象，一般用于商务办公，相对淡化多媒体功能的需求。一般来说，商务机型的计算机比相同性能的家用机价格高出许多。

注意：并不是最贵的就是最好的，能够胜任任务的计算机才是最好的。

计算机配置的基本原则：根据使用需求，选择性能稳定、高性价比的配件，以实用、够用、好用为原则。特别需要注意下面几个误区：

①只强调CPU的档次，而忽视主板、内存、显卡等重要部件。配置得不均衡将会造成好的部件不能充分发挥其作用的后果。

②购买计算机不可能一步到位，因为计算机配件更新换代很快，只需留有适当的升级余地即可。例如，一般家用计算机主要用于学习、娱乐、上网，其配置就无须非常高，只要能运行主流的操作系统和一般应用软件即可；想玩最新的3D游戏，应主要强调CPU、显卡和内存；如果只打字排版，只需考虑内存和硬盘的容量即可；如果是喜欢高清电影，建议配置好的显卡和光驱；需要经常出差的，可以选用笔记本计算机。

③一味寻求低价。与计算机硬件一样，计算机软件的更新换代也非常快，老的、过时的硬件配置经常不能适应新的软件环境。对第一次配置计算机的人而言，在主流配置的基础上，根据自己的需求做一些个性化的调整是一种比较不错的选择。

二、个人台式计算机配置参考

台式个人计算机配置清单如表1-1所示。

表1-1　个人台式计算机配置清单

配　置	品　牌　型　号	参　考　单　价
CPU	Intel 酷睿 i5 8400	￥1399
主板	华硕 TUF B360M-PLUS GAMING	￥799
内存	威刚 XPG F1 8 GB DDR4 2400	￥469
硬盘	西部数据蓝盘 2 TB SATA 6Gbit/s 64 MB（WD20EZRZ）	￥349
固态硬盘	三星 860 EVO SATA III（250 GB）	￥399
显卡	七彩虹 iGame750 烈焰战神 U-Twin-2GD5	￥769
机箱	金河田阿迪	￥109
电源	鑫谷核动力超级战舰 S7	￥159

三、笔记本计算机配置参考

1. 笔记本计算机的组成

笔记本计算机主要由外壳、显示器和主机三大部分组成。主机由主板、接口、键盘、触摸屏、硬盘驱动器、光盘驱动器和电池等组成。这里只介绍重要部件。

（1）外壳

笔记本计算机外壳有塑料外壳和金属外壳两大类。塑料外壳成本低、质量小，但机械性能差，容易损坏。金属外壳散热效果和机械性能较好，不易损坏，但成本高。笔记本计算机外壳主要起到保护和固定作用，同时起到美观效果。

（2）液晶屏

液晶屏用于显示用户执行的指令是否执行完成以及执行的结果，是笔记本计算机上最贵、最大的部件。

（3）主板

笔记本计算机主板是笔记本计算机的核心部分。笔记本计算机的重要组件都依附在主板上，主板是笔记本计算机中各种硬件传输数据、信息的"立交桥"，它连接整合了显卡、内存、CPU等各种硬件，使其相互独立又有机地结合在一起，各司其职，共同维持计算机的正常运行。

（4）接口

笔记本计算机的接口很多，常见的有USB接口、VGA接口、光驱接口、读卡器口、电源接口、音频口和RJ-45网线接口等。

（5）触摸板

触摸板相当于台式机的鼠标，用来移动指针。

现在的笔记本计算机一般采用触摸板，分为手指移动区、左键和右键三部分。

（6）硬盘

笔记本计算机硬盘的体积比台式机小很多，由于笔记本计算机需要移动，甚至户外使用，因此要求它具有较强的防震能力。虽然笔记本计算机硬盘比台式机硬盘防震能力强，但毕竟有限度，况且硬盘盘片处于高速旋转状态，当震动太强时很容易损坏硬盘，所以要特别注意保护硬盘。

2. 笔记本计算机配置清单

笔记本计算机配置清单之一，以戴尔灵越燃7000Ⅱ14英寸轻薄本为例，如表1-2所示。

表1-2　笔记本计算机配置清单

配　置	品 牌 型 号
CPU	第八代智能英特尔®酷睿™ i7-8550U 处理器（8 MB 缓存，高达 4.0 GHz）
显示屏	14.0 英寸 FHD（1920×1080）IPS Truelife LED 背光显示器
内存	8 GB DDR4 2 400 MHz；最高达 16 GB
硬盘	1TB
固态硬盘	256 GB NVMe PCIe SSD
显卡	NVIDIA GeForce MX150 with 2GB GDDR5 显卡
键盘	英文背光键盘
主电池	42 W·h，3 芯电池（集成）

相关知识与技能

计算机的硬件系统由主机和外围设备（简称外设）组成，它包括输入设备、输出设备、运算器、控制器和存储器五大部分。具体来说，有主机板、中央处理器、存储器及输入/输出设备等。

从外观上看，微型计算机有卧式、立式等台式机类型。图1-1、图1-2分别所示为一台微型计算机和一台笔记本计算机。

图 1-1　微型计算机

图 1-2　笔记本计算机

一、主机

主机是微型计算机系统的核心，主要由CPU、内存、输入/输出设备接口（简称I/O接口）、总线和扩展槽等构成，通常被封装在主机箱内。其中，I/O接口、总线和扩展槽等制成一块印制电路板，称为主机板，简称主板或系统板。

1. 主板

主板是计算机系统中最大的电路板，分布着芯片组、CPU插座、内存插槽、总线扩展槽、I/O接口等。主板按结构分为AT主板和ATX主板；按其大小分为标准板、Baby板和Micro板等几种。主板是微型计算机系统的主体和控制中心，它几乎集合了全部系统的功能，控制着各部分之间协调工作。典型的主板如图1-3所示。

2. 中央处理器

中央处理器（Central Processor Unit，CPU）是计算机的核心部件，在微型计算机中称为微处理器。它是一个超大规模集成电路器件，控制整个计算机的工作。

CPU是计算机的核心，代表着计算机的档次。CPU型号不同的微型计算机，其性能差别很大。但无论哪种微处理器，其内部结构都基本相同，主要由运算器、控制器及寄存器等组成。其中，运算器主要用于对数据进行算术运算和逻辑运算，即数据的加工处理；控制器用于分析指令、协调I/O操作和内存访问；寄存器用于临时存储指令、地址、数据和计算结果。

目前，笔记本计算机主流配置中英特尔®酷睿™i5、英特尔®酷睿™i7、AMD锐龙R3等实际上是指CPU的型号。

图 1-3　主板

世界上第一块微处理器芯片是Intel公司于1971年研制成功的，称为Intel 4004，字长为4位；以后又相继出现了8位芯片8008及其改进型号8080；16位芯片8086、80286；32位芯片80386、80486；Pentium Pro（PⅡ）、PentiumⅢ（PⅢ）和Pentium酷睿芯片等。目前，笔记本计算机主流配置为英特尔®酷睿™i5、英特尔®酷睿™i7、AMD锐龙R3等。一般认为芯片的位数越多，其处理能力越强。生产CPU的厂商有Intel、AMD和威盛公司等。我国中科院研制开发的龙芯3号，采用64位字长，2015年4月，搭载龙芯抗辐射处理器的第17颗北斗卫星升空并顺利运行。目前，龙芯的产品已经广泛应用于党政办公、能源、交通等多个领域，为国家的发展和安全提供了重要支撑。CPU外观如图1-4所示。

图1-4　CPU外观

3. 内存储器

内存储器直接与CPU相连，是计算机工作必不可少的设备。通常，内存储器分为只读存储器和随机存储器两类。

（1）只读存储器

只读存储器（Read Only Memory，ROM）中的数据是由设计者和制造商事先编制好固化在里面的一些程序，用户只能读取，不能随意更改。个人计算机中的只读存储器，最常见的就是主板上的BIOS芯片，主要用于检查计算机系统的配置情况并提供最基本的输入/输出控制程序。

ROM的特点是断电后数据仍然存在。

（2）随机存储器

随机存储器（Random Access Memory，RAM）中的数据可读也可写，它是计算机工作的存储区，一切要执行的程序和数据都要先装入RAM内。CPU在工作时将频繁与RAM交换数据，而RAM又与外存频繁交换数据。

RAM的特点主要有两个：一是存储器中的数据可以反复使用，只有向存储器写入新数据时存储器中的内容才被更新；二是RAM中的信息随着计算机的断电自然消失，所以RAM是计算机处理数据的临时存储区，要想使数据长期保存起来，必须将数据保存在外存中。

目前，微型计算机中的RAM大多采用半导体存储器，基本上是以内存的形式进行组织，其优点是扩展方便，用户可根据需要随时增加内存。常见的内存有512 MB、1 GB、2 GB、4 GB、8 GB等。使用时只要将内存插在主板的内存插槽上即可。常见的内存如图1-5所示。

图1-5　内存外观

4．高速缓冲存储器

高速缓冲存储器（Cache）简称高速缓存。内存的速度比硬盘要快几十倍甚至上百倍，但CPU的速度更快。为提高CPU访问数据的速度，在内存和CPU之间增加了可预读的Cache，这样当CPU需要指令或数据时，首先在缓存中查找，而无须每次都去访问内存。Cache的访问速度介于CPU和RAM速度之间，从而提高了计算机的整体性能。

5．总线

所谓总线，是一组连接各个部件的公共通信线，即系统各部件之间传送信息的公共通道。按其传送的信息可分为数据总线、地址总线和控制总线三类。

①数据总线（Data Bus，DB）：用来传送数据信号，它是CPU同各部件交换数据信息的通路。数据总线都是双向的，而具体传送信息的方向，则由CPU来控制。

②地址总线（Address Bus，AB）：用来传送地址信号，CPU通过地址总线把需要访问的内存单元地址或外围设备地址传送出去。通常，地址总线是单向的，其宽度决定了寻址的范围，如寻址1 MB地址空间就需要有20条地址线。

③控制总线（Control Bus，CB）：用来传送控制信号，以协调各部件之间的操作，它包括CPU对内存储器和接口电路的读/写信号、中断响应信号等，也包括其他部件送给CPU的信号，如中断申请信号、准备就绪信号等。

当前的计算机均采用总线结构将各部件连接起来组成为一个完整的系统。总线结构有很多优点，如可简化各部件的连线，并适应当前模块化结构设计的需要。但采用总线也有不足之处，如总线负担较重，需分时处理信息发送，有时会影响速度。

主板与外围设备的连接是通过主板上的各种I/O总线插槽来实现的，典型的I/O总线有ISA总线（主要用于286和部分386机，为PC总线扩展并兼容PC总线）、EISA总线（主要用于386和486，为ISA总线扩展并兼容ISA总线）、PCI总线（主要用于Pentium及以后的各机型）、AGP总线（用于支持显卡）。

二、外存储器

外存储器即外存，也称辅存，其作用是存放计算机工作所需要的系统文件、应用程序、用户程序、文档和数据等。外存储器常见的有硬盘、光盘和U盘、软盘4种，软盘因为其存储能力差，已经退出了消费市场。

1．硬盘

硬盘是计算机中非常重要的存储设备，它对计算机的整体性能有很大的影响。硬盘一般安装在主机箱内。传统的机械硬盘盘片由硬质合金制造，表面被涂上了磁性物质，用于存放数据。根据容量不同，一个硬盘一般由2~4块盘片组成，每个盘片的上下两面各有一个读/写磁头，读/写时硬盘磁头不与盘片表面接触，它们"浮"在离盘面0.1~0.3 μm之处。硬盘是一个非常精密的机械装置，磁道间只有百万分之几英寸的间隙，磁头传动装置必须把磁头快速而准确地移到指定的磁道上。目前，硬盘的主流转速是7 200 r/min，也有10 000 r/min的，转速越高的硬盘读/写速度也越快。

机械硬盘具有存储容量大、读/写速度快和稳定性好等特点，目前微型计算机上使用的硬盘容量常见的有500 GB、750 GB和1 TB等，希捷公司生产的硬盘容量最大已超过4 TB。

在使用硬盘时，应保持良好的工作环境，如适宜的温度和湿度，特别要注意防尘和防震，并避免随意拆卸。硬盘外观和内部构成如图1-6和图1-7所示。

 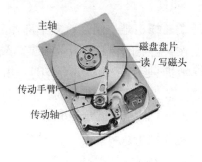

图1-6　硬盘外观　　　　　　　　　图1-7　硬盘内部构成

目前，个人计算机大多会配置固态硬盘，固态硬盘是由固态电子存储芯片阵列而制成的硬盘，由控制单元和存储单元（FLASH芯片、DRAM芯片）组成。固态硬盘可提升开关机速度、系统流畅度等。相比机械硬盘，固态硬盘具有噪声低、发热少、体积小、读/写速度快等特点。

硬盘在使用前要进行分区和格式化，在Windows系统"计算机"中看到的C、D、E盘等就是硬盘的逻辑分区。

2. 光盘

光盘是利用光学方式进行读/写信息的存储设备，为了使用光盘，计算机必须配置光盘驱动器。

光盘驱动器简称光驱，其速度对于观看动画和电影是十分重要的，速度过慢就会导致图像跳动和声音不连续。光驱的速度是指传输数据的速度，光驱最早的速度为150 KB/s，并将其规定为单速。

后来光驱的速度越来越快，都以单速的倍数表示其速度，并表示为多少X的形式。例如，某光驱的速度为16 X，就是说该光驱每秒可传送16×150 KB的数据，即每秒2.4 MB。普通光驱的速度一般是40 X或52 X，光驱的传输速度越高，播放的图像和声音就越平滑。

光盘是存储信息的介质，按用途可分为只读型光盘和可重写型光盘两种。只读型光盘包括CD-ROM和一次写型光盘。CD-ROM由厂家预先写入数据，用户不能修改，这种光盘主要用于存储文献和不需要修改的信息。一次写型光盘的特点是可以由用户写入信息，但只能写一次，写后将永久存在盘上不可修改。可重写型光盘类似于磁盘，可以重复读/写，它的材料与只读型光盘有很大的不同，是磁光材料。

在多媒体技术蓬勃发展的今天，DVD-ROM光驱已取代CD-ROM光驱而成为市场的新宠，相比CD光驱，它有数据存储容量大、纠错能力强和画质解析度清晰等优点，CD-ROM光驱和DVD-ROM光驱分别如图1-8和图1-9所示。

图 1-8　CD-ROM 外观

图 1-9　DVD 外观

光盘具有存储容量大、可靠性高的特点。只要存储介质不发生问题，光盘上的信息就永远存在。

3. U 盘

U盘是采用闪存芯片作为存储介质的一种新型移动存储设备，因其采用标准的USB接口与计算机连接而得名。图1-10所示为U盘的外观。

U盘具有存储容量大、体积小、质量小、数据保存期长、可靠性好和便于携带等优点。U盘是一种无驱动器、即插即用的电子存储盘，是移动办公及文件交换的理想存储产品。

图 1-10　U 盘外观

U盘在Windows 7/10、Mac OS X、Linux Kernel 2.4下均不需要驱动程序，即可直接使用。

USB盘（U盘）在使用中应注意：

①拔除时，必须等指示灯停止闪烁（停止读写数据）时方可进行。

②拔除前，应先单击任务栏右边的"安全删除硬件"图标，然后单击安全删除USB Mass Storage Device，显示"安全地移除硬件"时才能拔下U盘。

③U盘拔下后才能进行写保护的关闭和打开。

④不使用U盘时，应该用盖子把U盘盖好，放在干燥阴凉的地方，避免阳光直射。

⑤使用U盘时要注意小心轻放，防止跌落造成外壳松动。

不要触摸U盘的USB接口，以免汗水氧化导致接触不良，引起计算机识别不到U盘。

三、输入设备

输入设备用于将各种信息输入到计算机的存储设备中以备使用。常用的输入设备有键盘、鼠标、扫描仪、光笔等。

1. 键盘

键盘是微型计算机的主要输入设备，是实现人机对话的重要工具。通过它可以输入程序、数据、操作命令，也可以对计算机进行控制。

（1）键盘的结构

键盘中有一个微处理器，用来对按键进行扫描、生成键盘扫描码并对数据进行转换。微型计算机的键盘已标准化，多数为104键。用户使用的键盘是组装在一起的一组按键矩阵，不同种类的键盘分布基本一致，一般分为四区：功能键区、打字键区、编辑键区和数字键区等。

以常见的标准104键盘为例，其布局如图1-11所示。

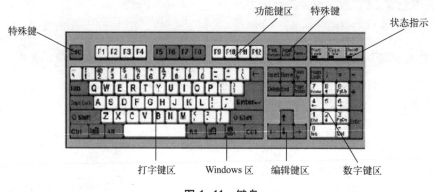

图 1-11　键盘

（2）键盘接口

键盘通过一个有五芯电缆的插头与主板上的DIN插座相连，使用串行数据传输方式。现在的键盘多使用USB接口。

2. 鼠标

鼠标也是重要的输入设备，其主要功能是移动显示器上的光标并通过菜单或按钮向系统发出各种操作命令。

（1）鼠标的结构

鼠标的类型、型号很多，按结构可分为机械式和光电式两类。机械式鼠标内有一个滚动球，在普通桌面上移动即可使用。光电式鼠标内有一个光电探测器，是通过光学原理实现移动和操作的。

鼠标有两键与三键之分，其外形如图1-12所示。通常，左键用于确定操作；右键用于打开快捷菜单。

（2）鼠标接口

鼠标有串口、PS/2和USB三种接口类型，串口鼠标已不多见，现在采用的是PS/2和USB接口的鼠标。

图 1-12　鼠标

3. 扫描仪

扫描仪是文字和图片输入的重要设备之一。它可以将大量的文字和图片信息用扫描方式输入计算机，以便于计算机对这些信息进行识别、编辑、显示或输出。扫描仪有黑白和彩色两种，其主要性能指标是扫描分辨率DPI（每英寸的点数）和色彩位数。分辨率越高，扫描质量也越好，一般的分辨率为1 200×2 400像素或2 400×4 800像素等。

4. 光笔

光笔又称光电笔，用光线和光电管将特殊形式的数据（如条形码记录单等）读入计算机系统的一种装置，其外形类似钢笔，故通称光笔。

四、输出设备

输出设备用于将计算机处理的结果、用户文档、程序及数据等信息进行输出。这些信息可以通过打印机打印在纸上，或显示在显示器屏幕上。常用的输出设备有显示器、打印机、绘图仪等。

1. 显示器

显示器是计算机的主要输出设备，用来将系统信息、计算机处理结果、用户程序及文档等信息显示在屏幕上。

（1）显示器的分类

显示器有多种类型和规格。按工作原理可分为CRT显示器、液晶显示器等。按显示效果可以分为单色显示器和彩色显示器。按分辨率可分为低分辨率、中分辨率和高分辨率显示器。分辨率指屏幕上可显示的像素个数，是显示器的一项重要性能指标，如分辨率1 024×768像素，表示屏幕上每行有1 024个像素点，有768行。

（2）显卡

显示器与主机相连必须配置适当的显示适配器，即显卡，其外观如图1-13所示。显卡的功能主要有两个：一是用于主机与显示器数据格式的转换；二是把显示器与主机连接起来，同时还起到处理图形数据、加速图形显示等作用，当前的显卡都带有显存（显示存储器）如64 MB、128 MB等，它对于处理大量的图形数据等很有好处。显卡插在主板的AGP插槽上，为了适应不同类型的显示器，并使其显示出各种效果，显卡也有多种类型。

图1-13　显卡

2. 打印机

打印机也是计算机的基本输出设备之一。在显示器上输出的内容可当场查看，但不能脱机保存。为了将计算机输出的内容长期保存，可以用打印机打印出来。

目前常用的打印机按打印方式分为点阵打印机、喷墨打印机与激光打印机。

（1）点阵打印机

点阵打印机是目前最常用的打印机，又称针式打印机，归属于击打式打印机类。其打印头由若干枚针组成，因针数的不同可分为9针、24针等规格。针式打印机外观如图1-14所示。

（2）喷墨打印机

喷墨打印机使用很细的喷嘴把油墨喷射在纸上而实现字符或图形的输出。喷墨打印机与点阵打印机相比，具有打印速度快、打印质量好、噪声小、打印机便宜等特点，但其耗材（墨盒）比较贵。喷墨打印机的外观如图1-15所示。

（3）激光打印机

激光打印机是一种新型的打印机，它是激光技术与复印技术相结合的产物，属于非击打式的页式打印机。其打印速度快，打印质量高，但打印机价格比较贵。激光打印机外观如图1-16所示。

打印机与计算机的连接均以并口或USB为标准接口，将打印机与计算机连接后，必须要安装相应的打印机驱动程序才可以使用打印机。

图1-14　针式打印机　　　　图1-15　喷墨打印机　　　　图1-16　激光打印机

3. 绘图仪

绘图仪是指能按照人们要求自动绘制图形的设备。它可将计算机的输出信息以图形的形式输出。主要可绘制各种管理图表和统计图、大地测量图、建筑设计图、电路布线图、各种机械图与计算机辅助设计图等。

五、其他设备

随着计算机系统功能的不断扩大，所连接的外围设备个数也越来越多，外围设备的种类也越来越多。

1. 声卡

声卡是处理声音信息的设备，也是多媒体计算机的核心设备。声卡可分为两种：一种是独立声卡，必须通过接口才能接入计算机；另一种是集成声卡，它集成在主板上。声卡的主要作用是对各种声音信息进行解码，并将解码后的结果送入扬声器中播放。声卡一般有以下几个端口，功能如下：

①LINE IN：在线输入。

②MIC IN：传声器输入。

③SPEAKER：扬声器输出。

④MIDI：MIDI设备或游戏杆接口。

常见的声卡除了人们熟知的声霸卡（Sound Blaster及Sound Blaster pro）外，还有Sound Magic、Sound Wave、客所思等。

安装声卡只要将其插到计算机主板的任何一个PCI总线插槽即可，然后通过音频线和音频接口相连。当然现在的声卡很多都是USB接口的。在完成了声卡的硬件连接后，还需要安装相应的声卡驱动程序。

2. 视频卡

视频卡是多媒体计算机中的主要设备之一，其主要功能是将各种制式的模拟信号数字化，并将这种信号压缩和解压缩后与VGA信号叠加显示；也可以把电视、摄像机等外界的动态图像以数字形式捕获到计算机的存储设备上，对其进行编辑或与其他多媒体信号合成后，再转换成模拟信号播放出来。典型的产品为新加坡Creative Technology Ltd.生产的Video Blaster视霸卡系列。

将视频卡插入计算机中的任何一个PCI总线插槽，即完成视频卡的硬件连接，然后安装相应的视频卡驱动程序即可。

3. 调制解调器

调制解调器（Modem）是用来将数字信号与模拟信号进行转换的设备。由于计算机处理的是数字信号，而电话线传输的是模拟信号。当通过拨号入网时在计算机和电话之间需要连接一台调制解调器，通过调制解调器可以将计算机输出的数字信号转换为适合电话线传输的模拟信号，在接收端再将接收到的模拟信号转换为数字信号交计算机处理。

图 1-17 ADSL-Modem 外观

调制解调器通常分为内置式与外置式两种。内置Modem是指插在计算机扩展槽中的Modem卡；外置Modem是指通过串行口或USB接口连接到计算机的Modem。图1-17所示为ADSL-Modem的外观。

技巧与提高

1. 机箱散热及 CPU 散热的问题

首先建议用户在购买机箱时尽量选择尺寸大一点的，这样有利于整个系统的散热。其次，机箱散热主要讲究的是一个风道，一般是前进后出。关于机箱的散热应注意以下几个问题：

①做机箱风道。首先，能起到很好的散热效果；其次，能有效地避免灰尘沉积造成一些接口接触不良。

②CPU的散热问题。一定要避免CPU的表面和散热器底部没有完全接触，在安装完之后，要留心看一下散热器底部与CPU插槽是否平行，核心是否完全与散热器底部完全贴紧。同时注意硅胶的涂抹问题，适量即可，否则导热将变成阻热。

2. 静音问题

①电源的选择。电源一定要选择静音电源，也就是12英寸或者14英寸大扇的电源，这是静音的一个关键问题。

②机箱风扇及CPU散热器的选择。机箱风扇选用12英寸风扇（建议在进风口装滤网），CPU散热器也要选择好一些的。

③机箱的选择。机箱是计算机整机中十分重要的部件。在机箱的选择上，首先，尺寸最好能大一点，能前后装上12英寸风扇。其次，尽量选择品牌机箱，如永阳、酷冷、TT等。好机箱不仅提供了一个良好的散热环境，同时也能有效避免共振问题。

创新作业

通过网络搜索，配置一台5 000元左右的笔记本计算机，要求理解配置清单中各参数的意义，货比三家，确定符合个人需要的笔记本配置清单。

项目二　配置软件——计算机软件安装

项目描述

刚刚装完的计算机，称为"裸机"。只有装上操作系统和相应的软件，计算机才能按照人们的意愿去完成各种不同的任务。

项目分析

程程在完成计算机硬件的配置之后，接下来的任务是完成软件的安装与配置。首先要给计算机安装系统软件（Windows 7），其次再安装相应的应用软件（Office 2016及相关应用软件）。

项目实现

Windows 7操作系统安装方法及相关知识点请扫描二维码，打开相关视频进行学习。

一、安装 Windows 7 操作系统

微课

软件知识及操作系统Windows 7安装

①用Windows 7的安装光盘引导计算机启动。如果是在一台没有安装过操作系统的计算机上进行安装，系统会自动进入到Windows 7的安装程序；如果计算机上已经安装过Windows系统，则需要在看到光盘启动的提示时按任意键进入到Windows 7安装程序。系统经过加载后，会显示出Windows 7安装程序的第一个选择界面，如图1-18所示。用户可以在这里选择要安装系统的默认语言，安装程序提示用户是否现在安装，如图1-19所示。

②系统进入许可条款窗口，如图1-20所示。选中"我接受许可条款"复选框，然后单击"下一步"按钮，进入安装类型选择窗口，如图1-21所示。

③如果计算机上已经安装有其他版本的Windows系统，可以选择"升级"来将当前系统升级到Windows 7，这里我们单击"自定义"选项，然后选择安装位置，如图1-22所示。一般操作系统都安装在C盘，当然，这必须是在硬盘已经分区的情况下，如果硬盘尚未分区，必须先利用分区软件对硬盘进行分区。选择完毕之后，单击"下一步"按钮，将进入如图1-23所示的安装窗口。

图 1-18　Windows 7 安装语言选择窗口

图 1-19　Windows 7 安装窗口

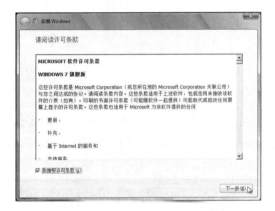

图 1-20　Windows 7 安装条款阅读窗口

图 1-21　Windows 7 安装类型选择窗口

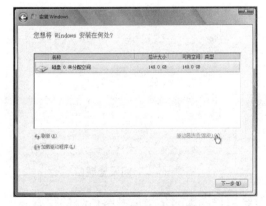

图 1-22　选择安装位置

图 1-23　Windows 7 安装窗口

④安装程序开始在硬盘上复制Windows系统，其间不需要过多干预。通常Windows 7的安装过程需要20 min左右。

⑤安装过程结束后第一次启动系统时会对计算机的性能自动进行检测，以对系统性能进行优化。首先，系统会邀请用户为自己创建一个账号，并设置计算机名称，完成后

15

单击"下一步"按钮继续。创建账号后需要为账号设置一个密码，如图1-24所示。如果不需要密码，直接单击"下一步"按钮即可。接下来要做的，是输入Windows 7的产品序列号（见图1-25），如果现在没有序列号，也可以暂时不填，等待进入系统后再输入并激活系统。

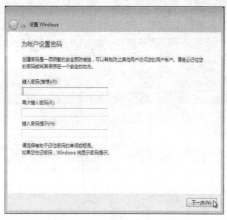

图1-24　密码设置窗口

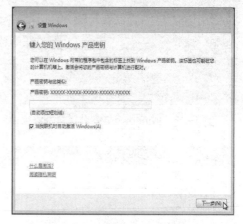

图1-25　序列号输入窗口

⑥设置Windows Update，建议用户选择"使用推荐设置"来保证Windows系统的安全，如图1-26所示。因为安装的是简体中文版系统，所以默认的时区就是我们所使用的北京时间。打开如图1-27所示的时间设置窗口校对时间和日期后，单击"下一步"按钮继续。

图1-26　升级窗口

图1-27　时间设置窗口

⑦如果计算机已经连接在网络上，最后需要用户设置的是当前网络所处的位置，不同的位置会让Windows防火墙产生不同的配置，如图1-28所示。

所有设置完成之后，就可以启动Windows 7开始工作。

二、安装微软办公软件 Office 2016

①在https://products.office.com/zh-cn/buy/office官方网站购买并下载Office 2016，一次

性购买的Office版本仅可获得一个安装许可。

②根据浏览器，选择"运行"（在Microsoft Edge或Internet Explorer中）、"设置"（在Chrome中），或"保存文件"（在Firefox中）。

如果看到用户账户控制提示显示"是否允许此应用对设备进行更改？"单击"是"按钮，开始安装，如图1-29所示。

图 1-28　设置网络位置　　　　　　　　　　图 1-29　Office 安装窗口

③安装完成时，会看到"一切已就绪！Office现已安装"和动画播放，介绍在计算机上查找Office应用程序的位置，单击"关闭"按钮，如图1-30所示。

按照窗口中的说明操作以查找Office应用程序。例如，根据Windows版本，单击"开始"按钮，然后找到要打开的应用程序，例如Excel或Word，或者在搜索框中输入应用程序的名称。

④在大多数情况下，一旦启动应用程序并且同意许可条款后单击"接受"，就会激活Office，如图1-31所示。

⑤Office可能会自动激活。但是，根据所用产品，可能会看到Microsoft Office激活向导，如图1-32所示。如果是这样，请按照提示激活Office。

图 1-30　安装成功界面　　　　　　　　　　图 1-31　启动 Word 窗口

图 1-32　Office 激活向导窗口

相关知识与技能

软件内容丰富、种类繁多，通常根据软件用途可将其分为系统软件和应用软件两类，这些软件都是用程序设计语言编写的程序，如图1-33所示。

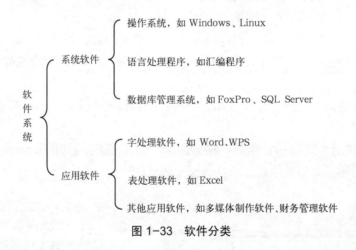

图 1-33　软件分类

一、系统软件

系统软件是指管理、控制和维护计算机系统的硬件资源与软件资源。例如，对CPU、内存、打印机的分配与管理；对磁盘的维护与管理；对系统程序文件与应用程序文件的组织和管理等。常用的系统软件有操作系统、各种语言处理程序和一些服务性程序等，其核心是操作系统。

系统软件是计算机正常运行不可缺少的，一般由计算机生产厂家研制，或由软件人员开发。其中一些系统软件程序，在计算机出厂时直接写入ROM芯片，例如，系统引导程序，基本输入/输出系统（BIOS）、诊断程序等。有些直接安装在计算机的硬盘中，如操作系统。也有一些保存在活动介质上供用户购买，如语言处理程序。

1. 操作系统

操作系统来自英文Operating System，简写为OS，用于管理和控制计算机硬件和软件资源，是由一系列程序组成的。操作系统是直接运行在裸机上的最基本的系统软件，是系统软件的核心，任何其他软件必须在操作系统的支持下才能运行。例如，Windows 7单机操作系统，Linux、UNIX等网络操作系统。

2. 语言处理程序

程序是计算机语言的具体体现，是用计算机程序设计语言为解决问题而编写的。对于用高级语言编写的程序，计算机是不能直接识别和执行的。要执行高级语言编写的程序，首先要将高级语言编写的程序翻译成计算机能识别和执行的二进制机器指令，然后才能供计算机执行。

要让计算机工作，就必须使用计算机能够"识别"和"接受"的计算机语言。计算机语言可以分为3个层次：机器语言、汇编语言和高级语言。

（1）机器语言

机器语言是以二进制代码"0"和"1"组成的机器指令的集合，是计算机能够直接识别和执行的语言。机器语言占用内存最少，执行速度最快。但机器语言是面向机器的语言，指令代码不易阅读和记忆，编制程序十分麻烦，而且不同类型的计算机具有不同的机器语言（指令的集合），使用的局限性很大。

（2）汇编语言

汇编语言是用助记符表示指令功能的计算机语言。汇编语言将操作内容和操作对象用人们容易记忆的符号来表示，使程序的编制、阅读简便了许多。例如，"相加"操作用ADD表示，"相减"操作用SUB表示。

由于计算机只能识别机器语言，所以，使用汇编语言编制的程序（源程序）必须经过"汇编"（由汇编语言源程序转换成机器语言表示的目标程序）才能被计算机识别和执行。

汇编语言也是面向机器的语言，只不过用助记符将机器语言符号化而已。因此，汇编语言仍然缺乏通用性。

（3）高级语言

高级语言是更接近人类语言和数学语言的计算机语言。高级语言是面向用户和对象的语言，它直观、易学、便于交流，并且不受机型的限制。

使用高级语言编制的源程序不能直接执行，必须采用"编译"或"解释"方式转换成目标程序，才能由计算机识别和执行。

高级语言的种类很多，目前常见的有VB、Java、C、C#语言等。

3. 数据库管理系统

数据库管理系统的作用就是管理数据库，具有建立、编辑、维护和访问数据库的功能，并提供数据独立、完整和安全的保障。按数据模型的不同，数据库管理系统可分为层次模型、网络模型和关系模型等类型。例如，Visual FoxPro、Oracle、SQL Server都是典型的关系型数据库管理系统。

二、应用软件

除了系统软件以外的所有软件都称为应用软件，它们是由计算机生产厂家或软件公司为支持某一应用领域、解决某个实际问题而专门研制的应用程序。例如，办公软件WPS Office、计算机辅助设计软件AutoCAD、图像处理软件Photoshop、压缩解压缩软件WinRAR、反病毒软件瑞星等，用户可通过这些应用程序完成自己的任务。例如，利用WPS Office创建文档，利用反病毒软件清除计算机病毒，利用压缩解压缩软件来解压缩文件，利用Outlook收发电子邮件，利用图形处理软件绘制图形等。

在使用应用软件时一定要注意系统环境，也就是说运行应用软件需要系统软件的支持。在不同的系统软件下开发的应用程序只有在相应的系统软件下才能运行。例如，ARJ解压缩程序是运行在DOS环境下；Office套件和WinZip解压缩程序运行在Windows环境下。

1. 字处理软件

用来编辑各类文稿，并对其进行排版、存储、传送及打印等的软件称为字处理软件，在日常生活中起着巨大的作用。典型的字处理软件有Microsoft（微软）公司的Word、金山公司的WPS等。

2. 表处理软件

表处理软件即电子表格软件，可以用来快速、动态地建立表格数据，并对其进行各类统计、汇总。这些电子表格软件还提供丰富的函数和公式演算能力、灵活多样的绘制统计图表的能力和存储数据库中数据的能力等。常用的电子表格软件有Excel等。

3. 其他应用软件

近些年来，随着计算机应用领域越来越广泛，辅助各行各业的应用开发软件层出不穷，如多媒体制作软件、财务管理软件、大型工程设计、服装裁剪、网络服务工具以及各种各样的管理信息系统等。这些应用软件不需要用户学习计算机编程，直接拿来使用即可得心应手地解决本行业中的各种问题。

技巧与提高

操作系统和常用的办公软件装好之后，可以安装一个Windows 7优化大师，帮助自己管理计算机上的软硬件。

Windows 7优化大师是一款功能强大的系统工具软件，它提供了全面有效且简便安全的系统优化、系统清理、安全优化、系统设置四大功能模块及数个附加功能的工具软件。使用Windows优化大师，能够有效地帮助用户了解自己的计算机软硬件信息，简化操作系统设置步骤，提升计算机运行效率，清理系统运行时产生的垃圾，修复系统故障及安全漏洞，维护系统的正常运转。

一、系统优化

选择系统优化项目，可以完成对内存、缓存、IE、各种服务项目的优化。通过优化，能够使系统的内存环境更加优化，以及关闭不需要的服务协议，如图1-34所示。

图 1-34　Windows 7 优化大师系统优化

二、系统清理

利用系统清理功能，可以完成垃圾文件清理、磁盘空间分析、系统盘瘦身、注册表清理、用户隐私清理、系统字体清理等功能，如图1-35所示。

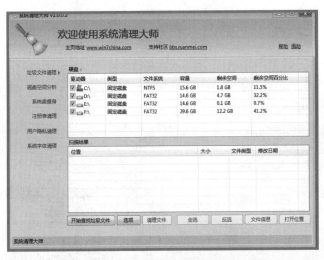

图 1-35　Windows 7 优化大师系统清理

三、安全优化

利用安全优化功能，可以完成对用户账户的控制，用户登录管理、完成网络共享的有关设置等，如图1-36所示。

图 1-36　Windows 7 优化大师安全优化

四、系统设置

利用系统设置功能，能够完成系统设置、启动设置，以及右键菜单、开始菜单、系统文件夹、IE管理、网络设置、快捷命令设置等，如图1-37所示。

图 1-37　Windows 7 优化大师系统设置

五、系统美化

可以使用美化大师功能，完成对系统外观的设置以及主题屏、系统图标设置、文件类型图标设置、登录画面设置等，如图1-38所示。

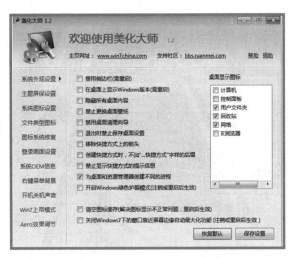

图 1-38　Windows 7 优化大师系统美化

创新作业

①下载迅雷（下载工具）、好压、腾讯视频（视频播放器）、谷歌浏览器（浏览器）等常用工具软件，并将它们安装在计算机上。

②利用网络搜索关于操作系统的有关知识。

项目三　保护计算机——计算机病毒查杀

项目描述

在安装完操作系统和应用软件之后，就可以使用计算机。可是频繁上网和使用U盘，经常会使计算机受到病毒或木马的侵犯，导致计算机出现软故障或数据丢失。为了使计算机不受到侵犯，程程接下来的任务是对计算机进行安全设置。

项目分析

在网络办公的过程中，经常会遭遇病毒和木马的攻击。如何保护计算机的安全是人们经常遇到的问题。首先，要加固系统本身，屏蔽不需要的一些服务组件；其次，要安装杀毒软件来阻止病毒的侵犯。

项目实现

加固系统的方法及相关知识点请扫描二维码，打开相关视频进行学习。

一、加固系统本身

1. 屏蔽不需要的服务组件

单击"开始"→"控制面板"→"管理工具"→"组件服务"，打开"组件服务"

微课●••••••••

信息安全与系统加固

窗口，如图1-39所示。

关闭远程桌面配置服务（Remote Desktop Configuration）、关闭远程桌面共享（Remote Desktop Service）、禁止远程用户修改计算机上的注册表设置（Remote Registy）等。

图1-39　"组件服务"窗口

在该窗口中选中需要屏蔽的服务，右击，从弹出的快捷菜单中选择"属性"命令，同时将"启动类型"设置为"手动"或"禁用"（见图1-40），这样就可以对指定的服务组件进行屏蔽。

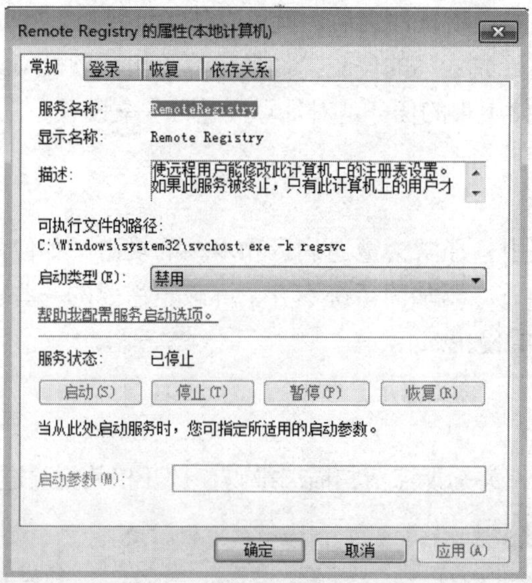

图1-40　远程注册管理

2. 及时使用 Windows Update 更新系统

选择"开始"→"控制面板"→Windows Update，对系统进行更新，如图1-41所示。

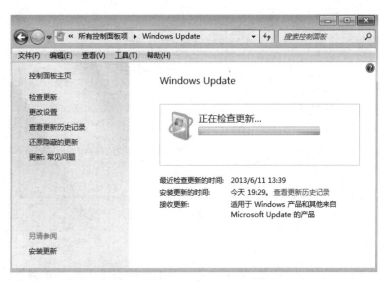

图 1-41 Windows Update 更新

3. 使用"Windows 防火墙"功能

选择"开始"→"控制面板"→"Windows防火墙"，使用"启用Windows防火墙"功能（见图1-42），启用网络的防火墙功能。

图 1-42 Windows 防火墙设置

4. 合理管理 Administrator

选择"开始"→"控制面板"→"用户账户"（见图1-43），把Administrator的密码更改成十位数以上，并且尽量使用数字和大小写字母相结合的密码。

图 1-43　设置管理员密码

二、安装第三方杀毒软件

计算机杀毒软件有许多种，常用的有瑞星杀毒软件、卡巴斯基杀毒软件、金山毒霸杀毒软件和Norton Antivirus（诺顿）杀毒软件等。下面以360杀毒软件为例，介绍常用杀毒软件的使用方法。

到360软件宝库（http://baoku.360.cn/soft/show/appid/325）下载360杀毒软件，下载完成后，运行安装文件，按照提示进行默认安装。安装完成后，按提示重启计算机即可。

360杀毒软件的主界面如图1-44所示。此界面包括快速扫描、全盘扫描、自定义扫描等。快速扫描将扫描系统设置、常用软件、内存活跃程序、开机启动项、系统关键位置等内容；全盘扫描除上述项目之外，将扫描所有的硬盘文件。自定义扫描可以选择扫描的磁盘和文件夹。

图 1-44　360 杀毒软件主界面

1. 杀毒

利用全盘扫描功能，可以完成对系统设置、常用软件、内存活跃程序、开机启动项、所有磁盘文件的扫描，如图1-45所示发现威胁之后，选择需要修复的项目，单击"立即处理"按钮（见图1-46），就可以完成对计算机的保护。

图 1-45 360 杀毒全盘扫描界面

图 1-46 360 杀毒威胁处理界面

2. 设置

利用360设置功能，可以进行如下设置：

（1）常规设置

选择该选项，可以在登录Windows系统后自动启动，将"360杀毒"添加到右键菜单，并可进行定时杀毒的设置，如图1-47所示。

（2）升级设置

选择该选项，可以完成自动升级病毒特征库及程序以及进入屏幕保护程序之后是否自动升级，如图1-48所示。

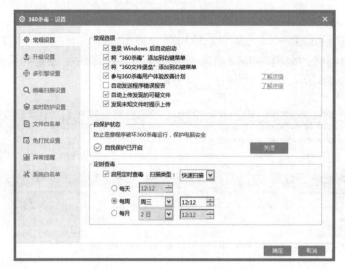

图 1-47　360 杀毒选项设置

图 1-48　360 杀毒升级设置

（3）其他设置

除了上述两种设置之外，还可以进行多引擎设置、病毒扫描设置、实时防护设置、文件白名单设置、免打扰设置、异常提醒设置、系统白名单设置，此处不再一一赘述。

相关知识与技能

一、网络安全的威胁

①被他人盗取密码。

②系统被木马攻击。

③浏览网页时被恶意的JavaScript程序攻击。

④QQ被攻击或泄露信息。

⑤病毒感染。

⑥由于系统存在漏洞而受到他人攻击。

⑦黑客的恶意攻击。

二、计算机病毒

1. 计算机病毒的定义

计算机病毒在《中华人民共和国计算机信息系统安全保护条例》中被明确定义为："指编制或者在计算机程序中插入的，破坏计算机功能或者破坏数据、影响计算机使用，并能自我复制的一组计算机指令或者程序代码"。

2. 计算机病毒的特征

①寄生性。病毒程序的存在不是独立的，它总是悄悄地寄生在磁盘系统或文件中。

②隐蔽性。病毒程序在一定条件下隐蔽地进入系统，当使用带有系统病毒的磁盘引导系统时，病毒程序先进入内存并放在常驻区，然后才引导系统，这时系统即带有该病毒。

③非法性。病毒程序执行的是非授权（非法）操作。当用户引导系统时，正常的操作只是引导系统，病毒乘虚而入并不在人们预定目标之内。

④传染性。传染性是计算机病毒最重要的特征，是判断一段程序代码是否为计算机病毒的依据。

⑤破坏性。无论何种病毒程序侵入系统，都会对操作系统的运行造成不同程度的影响。

⑥潜伏性。计算机病毒具有依附于其他媒体而寄生的能力，这种媒体被称为计算机病毒的宿主。

⑦可触发性。计算机病毒一般都有一个或者几个触发条件。触发条件一旦被满足或者病毒的传染机制被激活，病毒即开始发作。

3. 传播途径

①互联网传播。在计算机日益普及的今天，人们普遍喜爱通过网络方式来互相传递文件、沟通信息，这样就给计算机病毒提供了快速传播的机会。收发电子邮件、浏览网页、下载软件、即时通信、玩网络游戏等，都是通过互联网这一媒介进行的。如此高的使用率，注定备受病毒的"青睐"。

②局域网传播。局域网是由相互连接的一组计算机组成的，这是数据共享和相互协作的需要。组成网络的每一台计算机都能连接到其他计算机，数据也能从一台计算机发送到其他计算机上。如果发送的数据感染了计算机病毒，接收方的计算机将会被感染，因此，有可能在很短的时间内感染整个网络中的计算机。

③通过移动存储设备传播。更多的计算机病毒逐步转为利用移动存储设备进行传播。

常见的移动存储设备包括光盘、移动硬盘、U盘（含数码照相机、MP3等）。光盘的存储容量大，所以很多软件都刻录在光盘上，以便互相传递；同时，盗版光盘上的软件和游戏及非法复制也是传播计算机病毒的主要途径。随着大容量可移动存储设备如Zip盘、可擦写光盘、磁光盘（MO）等的普遍使用，这些存储介质也将成为计算机病毒寄生的场所。移动硬盘、U盘等移动设备也成为了病毒新的攻击目标。而U盘因其超大空间的存储量，逐步成为使用最广泛、最频繁的存储介质，为计算机病毒的寄生提供了更宽裕的空间。目前，U盘病毒正在逐步增加，使得U盘成为第二大病毒传播途径。

④无线设备传播。目前，随着手机功能性的开放和增值服务的拓展，病毒通过无线设备传播已经成为一种病毒传播途径。特别是智能手机和4G网络发展的同时，手机病毒的传播速度和危害程度与日俱增。通过无线传播的趋势很有可能将会发展成为第二大病毒传播媒介，并很有可能与网络传播造成同等的危害。

病毒的种类繁多、特性不一，只要掌握了其流通传播方式，便不难进行监控和查杀。使用功能全面的病毒防护工具将能有效地帮助用户避免病毒的侵入和破坏。

三、黑客

1. 黑客的定义

据美国《发现》杂志介绍，黑客有5种定义：

①研究计算机程序并以此增长自身技巧的人。

②对编程有无穷兴趣和热忱的人。

③能快速编程的人。

④擅长某专门程序的专家，如"UNIX系统黑客"。

⑤恶意闯入他人计算机或系统意图盗取敏感信息的人。对于这类人最合适的用词是Cracker，而非Hacker。

2. 入侵手法

①数据驱动攻击。当有些表面看来无害的特殊程序在被发送或复制到网络主机上并被执行发起攻击时，就会发生数据驱动攻击。例如，一种数据驱动的攻击可以造成一台主机修改与网络安全有关的文件，从而使黑客下一次更容易入侵该系统。

②系统文件被非法利用。操作系统设计的漏洞为黑客开了后门，黑客通过这些漏洞对系统进行攻击。

③伪造信息攻击。通过发送伪造的路由信息，构造系统源主机和目标主机的虚假路径，从而使流向目标主机的数据包均经过攻击者的系统主机。

④远端操纵。在被攻击主机上启动一个可执行程序，该程序显示一个伪造的登录界面。当用户在这个伪装的界面上输入登录信息（用户名、密码等）后，该程序将用户输入的信息传送到攻击者主机，然后关闭界面给出"系统故障"的提示信息，要求用户重新登录。而此后出现的才是真正的登录界面。

⑤利用系统管理员失误攻击。黑客常利用系统管理员的失误收集攻击信息，如用finger、netstat、arp、mail、grep等命令和一些黑客工具软件。

⑥重新发送（Replay）攻击。通过收集特定的IP数据包，并篡改其数据，然后再重新发送，以欺骗接收的主机。

技巧与提高

个人防火墙在用户的计算机和Internet之间建立起一道屏障，即常说的Firewall。防火墙可以针对来自不同网络的信息来设置不同的安全规则。在Internet受攻击直线上升的情况下，用户随时都可能遭到各种恶意攻击。这些恶意攻击可能导致的后果是用户的上网账号被窃取、银行账号被盗用、电子邮件密码被修改、财务数据被利用、机密档案丢失、隐私曝光等，甚至黑客可以通过远程控制删除用户硬盘上所有的数据，造成整个计算机系统架构全面崩溃。为了抵御黑客的攻击，用户有必要在个人计算机上安装一套防火墙系统。下面以"360安全卫士企业版"为例进行介绍。

1. 电脑体检

"360安全卫士企业版"可以进行故障检测、垃圾检测、速度检测、安全检测、系统强化等功能。检测完毕之后，进行处理，就可以解决系统安全的基本问题，如图1-49所示。

图 1-49   360 安全卫士企业版主界面

2. 木马扫描

利用"360安全卫士企业版"的木马扫描功能，可以完成对系统内部木马的查杀，如图1-50所示。

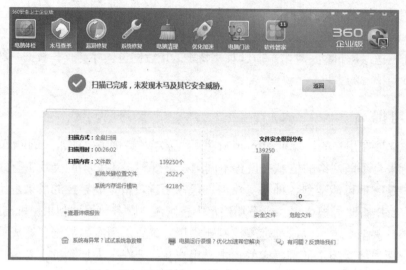

图 1-50　360 安全卫士企业版木马扫描界面

3. 防火墙开启

360安全防护启动之后，会自动开启防火墙，系统会自动开启入口防御、隔离防御、系统防御，从而形成网页安全防护、聊天安全防护、下载安全防护、U盘安全防护、黑客入侵防护、局域网防护（ARP）等，可以形成看片隔离、运行风险文件隔离，并开启内核级防御技术，保护系统的核心设置，拦截木马恶意行为，如图1-51所示。

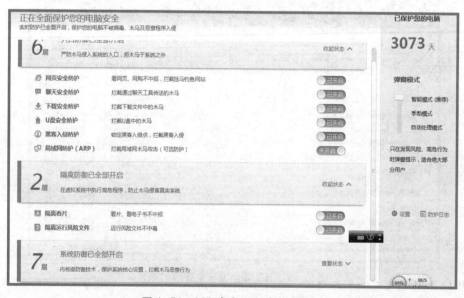

图 1-51　360 安全卫士防火墙设置

4. 360 保镖

利用360保镖，可以进行网上购物，使用网银时进行保护，在搜索信息时进行保护，下载文件及看片、收发邮件时进行保护。图1-52所示为360保镖界面。

图 1-52　360 保镖界面

5. 其他保护

利用360安全防护，还可以完成对系统漏洞的修复、系统修复、电脑清理、优化加速等功能。

创新作业

①到网上搜索一款热门的清除木马程序的软件，下载到计算机并安装。对程序进行设置，查看并清除计算机中的木马。

②到网上搜索关于Windows 7操作系统进行安全设置的方法和技巧，并根据实际情况对自己的计算机进行相应的安全设置。

项目四　文件管理和设备管理——Windows 7 应用

项目描述

作为一名文员，程程清楚地知道，自己在未来的工作中，将面对大量电子文档的管理。如果缺乏正确的方法和理念，计算机桌面上就会堆满杂乱无章的各种文件和文件夹。程程相信，对于未来的工作来说，提前做好知识储备，学习正确的管理理念，比匆匆开始工作更重要。所以，程程接下来的任务是熟悉Windows 7的桌面环境，并尝试完成桌面环境的个性化设置，学会文件管理的基本方法和正确理念。

项目分析

操作系统的使用，是开展其他工作的基础。本项目将分4个步骤：

①认识Windows 7的桌面环境。

②个性化设置个人工作环境。

③文件管理。

④控制面板的使用。

项目实现

● 微课

定制 Windows 7 桌面环境

Windows 7的使用方法及相关知识点请扫描二维码，打开相关视频进行学习。

一、认识 Windows 7 桌面

启动Windows 7后，屏幕上显示Windows 7桌面，即Windows 7用户与计算机交互的工作窗口。桌面上有背景图案，可以布局各种常用软件的图标，桌面底部有任务栏，任务栏上有开始按钮、任务按钮和其他显示信息（如时钟等）。

1. "开始"菜单

"开始"菜单是计算机程序的主菜单，通过该菜单可完成计算机管理的主要操作。单击任务栏最左侧的"开始"按钮即可弹出"开始"菜单，如图1-53所示。

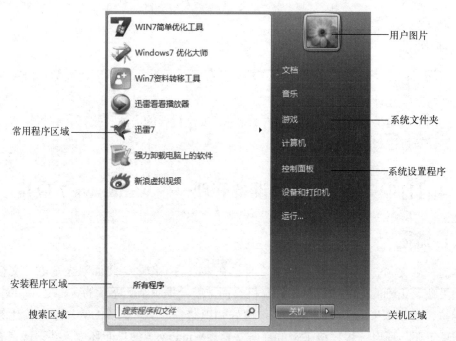

图1-53　Windows 7 "开始"菜单

①常用程序区域：显示使用最频繁的程序。

②安装程序区域：包括安装在计算机上的所有程序。

③搜索区域：用户可以输入自己要搜索的任何文字进行查找。区域底部有任务栏，任务栏上有"开始"按钮、任务按钮和其他按钮。

④用户图片：位于最顶部，显示当前登录的用户名。

⑤系统文件夹：包括最常用的文件夹，用户可以从这里快速找到要打开的文件夹。

⑥系统设置程序：包含主要用于系统设置的工具。

⑦关机区域：可实现关闭、注销、重新启动计算机等操作。

2. 任务栏

任务栏是位于桌面底部的条状区域，它包含"开始"按钮及所有已打开程序的任务栏按钮。Windows 7中的任务栏由"开始"按钮、窗口按钮和通知区域、显示桌面等几部分组成，如图1-54所示。

图 1-54　Windows 任务栏

①"开始"按钮：单击此按钮可以打开"开始"菜单。

②窗口按钮栏：目前系统打开的窗口列表。

③语言栏：显示当前的输入法状态。

④通知区域：包括时钟、音量、网络及其他一些显示特定程序和计算机设置状态的图标。

⑤"显示桌面"按钮：鼠标指针移到该按钮上，可以预览桌面，若单击该按钮可以迅速返回到桌面。此按钮位于任务栏最右侧，为竖条状按钮。

3. 桌面图标

桌面图标由一个个形象的图形和相关的说明文字组成。在Windows 7中，所有的文件、文件夹和应用程序都用图标来形象地表示，双击这些图标即可快速打开文件、文件夹或者应用程序。

4. 小工具

小工具是一组可以在桌面上显示的常用工具，如图1-55所示。右击桌面空白处，选择"小工具"命令即可打开"小工具"窗口小工具可以在桌面上自由浮动，默认情况下小工具是不显示在桌面上的。

图 1-55 "小工具"窗口

二、个性化设置

Windows 7 "控制面板"中的"个性化"选项增强了对主题的支持，主题是包含屏幕保护程序、声音、桌面背景以及颜色自定义设置的软件包。通过"控制面板"中的链接可以联机使用其他主题，并且将为世界上许多不同国家、地区的用户提供一些位置特定的主题，如图1-56所示。

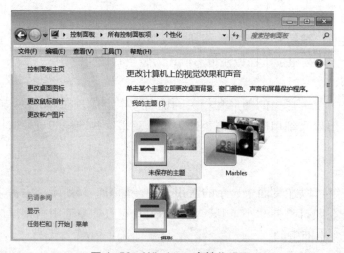

图 1-56 Windows 个性化设置

许多主题可以在同一软件包中包括多个不同的背景，因为它利用了Windows 7的另一项新功能，即桌面幻灯片放映，使用桌面幻灯片放映，可以选择若干张不同的图像作为背景，系统自动循环显示背景，默认每隔30 min换一幅图。

三、文件管理

Windows 7的文件管理的相关知识点请扫描二维码，打开相关视频进行学习。

1. 地址栏按钮

传统Windows资源管理地址栏的作用基本上比较单一，虽然可以使用它来输入路径进行目录的跳转，但是相对来说并不是很方便，而Windows 7资源管理器的地址栏，无论是易用性还是功能性对比过去的版本都更加强大。通过全新的地址栏，不仅可以获取当前目录的路径结构、名称，实现目录的跳转或者跨越跳转操作，还可以在路径中加入命令参数。

首先在Windows 7的资源管理器中，用户找不到传统的"向上"按钮命令，而看到的是将每一层目录结构以按钮视图来呈现的全新地址栏外观。

例如，打开目录的路径为C:\Windows\Media，看到全新地址栏的显示方式是4个对应目录名称和顺序的按钮，如图1-57所示。如果需要达到上一个层目录Windows文件夹，可以直接单击地址栏中名称为Windows的按钮，如果想从Media文件夹直接到达C盘的根目录，不用单击后退按钮，而直接单击C按钮即可实现这种跨越式的跳转操作。

图1-57 Windows 7 资源管理器地址栏应用

2. 库和收藏夹

（1）库

Windows 7引入了一种新方法来管理Windows资源管理器中的文件和文件夹，这种方法称为库，如图1-58所示。库可以提供包含多个文件夹的统一视图，无论这些文件夹存储在何处，都可以在文件夹中浏览文件，也可以按属性查看（如日期、类型和作者）或排列文件。

在某种程度上，库类似于文件夹。例如，打开库时，看到一个或多个文件。但是，与文件夹不同的是，库会收集存储在多个位置的文件。这是一个细微但却非常重要的区别。库并不实际存储项目，它们监视项目所在的文件夹，并允许通过不同的方式来访问和排列项目。

例如，如果硬盘和外置驱动器上的文件夹中有视频文件，那么可以使用视频库一次访问所有视频文件，删除该库并不会删除存储在该库中的文件。

默认情况下，每个用户账户具有4个预先填充的库：文档、音乐、图片和视频。如果意外删除了其中的一个默认库，则可以在导航窗口中右击"库"，从弹出的快捷菜单中选择"还原默认库"命令，从而将其还原为原始状态。

图 1-58　Windows 7 库列表

（2）收藏夹

在Windows 7资源管理器中，加入了可以自定义内容的目录链接列表"收藏夹"链接，如图1-59所示。

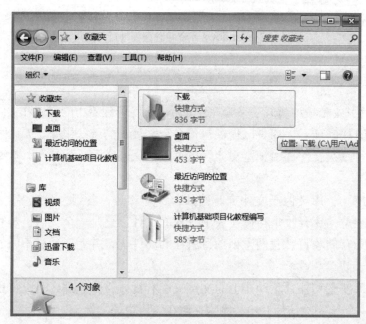

图 1-59　Windows 7 收藏夹

"收藏夹"链接不仅预设了相比过去数量更多的常用目录链接，还可以将经常要访问的文件夹拖动到这里。需要访问这些自定义的常用文件夹时，只要打开资源管理器的收藏夹，无论在哪里，都可以快速地跳转到需要的目录。

（3）文件管理

对于计算机上文件的管理，要遵循下列原则：

①文件一般不放在系统盘C，否则一旦系统需要重装，C盘上的文件将被覆盖。

②文件应该分门别类地存放。在命名文件和文件夹时，要以所见即所得的原则来命名。

③桌面上尽可能少存储文件和文件夹，以保持桌面清洁。

这里硬盘被划分成4个分区，根据工作需要，她把C盘命名为系统盘，D盘命名为文档，E盘命名为程序，F盘命名为娱乐。

文件和文件夹操作在"计算机"和"资源管理器"都可以完成。在执行文件和文件夹的操作前，要先选择操作对象，然后按自己熟悉的方法对文件或文件夹进行操作。文件和文件夹的操作一般由创建、重命名、复制、移动、删除、查找文件或文件夹、修改文件属性等。这些操作可以用以下6种方式之一完成：

①用菜单中的命令。

②用工具栏中的命令按钮。

③用该操作对象的快捷菜单。

④在"资源管理器"和"计算机"窗口中拖动。

⑤用菜单中的发送方式。

⑥用组合键。

四、控制面板

利用Windows 7的控制面板可以调整和配置计算机的各种系统属性，用户可以根据自己的需要配置系统。

1. 启动控制面板

控制面板是Windows 7中一个包含大量工具的系统文件，如图1-60所示。利用其中的独立工具或程序项可以调整和设置系统的各种属性，例如，管理用户账户，改变硬件的设置，安装和删除软件和硬件，进行时间、日期的设置等。

启动控制面板常用的方法有以下两种：

图 1-60　Windows 7 控制面板

①选择"开始"→"控制面板"命令。

②打开"计算机"窗口，单击其中的"打开控制面板"按钮。

2．添加和删除程序

（1）安装应用程序

在Windows 7系统中，添加（安装）程序并不是简单地将程序复制到硬盘上，大部分应用软件都需要安装到操作系统中才能够使用。一般来说，应用软件都附带一个安装程序。所以在安装程序时，可以直接运行程序的安装文件。一般情况下，应用程序的安装文件名为setup，可以将安装盘放入光驱后根据安装程序向导安装。

（2）卸载应用程序

在Windows 7操作系统下卸载应用程序是用户必须掌握的内容之一，仅仅将应用程序所在的文件夹删除是不行的，因为许多应用程序在Windows 7目录下安装了许多支持程序，这些程序并不在同一目录下，而且删除应用程序并不能使Windows 7的配置文件发生改变。用户很难找到这些配置文件，要正确地修改配置则更加困难。

正确地方法是使用卸载程序，在"控制面板"窗口中单击"程序和功能"图标，将打开"卸载或更改程序"窗口，如图1-61所示。选择程序后，可以通过单击"卸载/更改"按钮卸载已经安装好的程序。

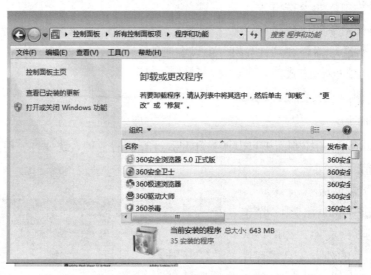

图 1-61 "卸载或更改程序"窗口

（3）在计算机中添加新硬件

硬件包含任何连接到计算机并由计算机的微处理器控制的设备，包括制造和生产时连接到计算机上的设备以及用户后来添加的外围设备。移动硬盘、调制解调器、磁盘驱动器、DVD驱动器、打印机、网卡、键盘和显卡都是典型的硬件设备。

设备分为即用设备和非即用设备，它们都能以多种方式连接到计算机上。无论是即插即用还是非即插即用，当安装一个新设备时，通常包括3个步骤：

①连接到计算机上。

②装载适当的设备驱动程序。如果该设备支持即插即用，该步骤可能没有必要。

③配置设备的属性和设置。如果该设备支持即插即用，该步骤可能没有必要。

如果设备不自动工作，那么该设备是非即插即用的，或者是像硬盘那样需要启动的设备，可能必须要重新启动计算机。然后，Windows将尝试检测新设备。

（4）管理用户账户

①用户账户。用户账户是指Windows用户在操作计算机时具有不同权限的信息的集合。例如，可以访问哪些文件和文件夹，可以对计算机和个人首选项（如桌面背景和屏幕保护程序）进行哪些更改。通过用户账户，可以在拥有自己的文件和设置的情况下与多个人共享计算机。每个人都可以使用用户名和密码访问其用户账户。

有3种类型的账户，每种类型为用户提供不同的计算机控制级别：标准账户适用于日常管理；管理员账户可以对计算机进行最高级别的控制；来宾账户主要针对需要临时使用用计算机的用户。

②用户账户的设置。选择"开始"→"控制面板"命令，在打开的"控制面板"窗口中单击"用户账户"图标，如图1-62所示。

在打开的"用户账户"窗口中单击"管理其他账户"选择，打开更改账户窗口，如图1-63所示。

图 1-62 "用户账户"窗口

图 1-63 更改账户窗口

单击"创建一个新账户"选项，打开"创建新账户"窗口，在中间的文本框中输入要创建的账户名（如sese），类型可以选择"标准用户"或"管理员"，如图1-64所示。

选择"标准用户"，单击"创建账户"按钮，即可创建新用户，单击新建好的用户名称，可以进行更改账户名称、创建密码、更改图片、设置家长控制、更改账户类型等设置，如图1-65所示。

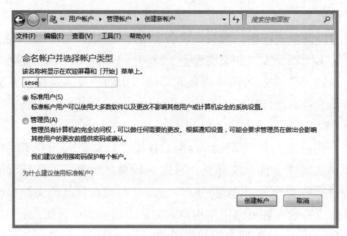

图1-64　"创建新账户"窗口

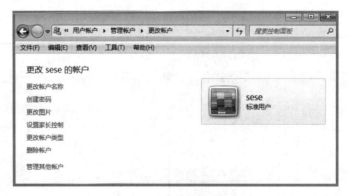

图1-65　"更改账户"窗口

（5）家长控制

①家长控制：指家长针对儿童使用计算机的方式进行协助管理。Windows 7的家长控制主要包括三方面内容：时间控制，游戏控制和程序控制。

当家长控制了对某个游戏或程序的访问时，将显示一个通知，声明已阻止该程序。孩子可以单击通知中的链接，以请求获得该游戏或程序的访问权限。家长可以通过输入账户信息来允许其访问。

②设置家长控制。若要设置家长控制，需要有一个带密码的管理员用户账户，家长控制的对象是个标准的用户账户（家长控制只能应用于标准用户账户）。

首先确认登录计算机管理员的账户，从控制面板中打开"家长控制"窗口，选择需要被控制的账号，如图1-66所示。被控制的账号应该先设置密码。

选择sese用户进行家长控制，可以从时间限制、游戏、允许和阻止特定程序等三方面进行控制，如图1-67所示。

图 1-66 "家长控制"窗口

图 1-67 "用户控制"窗口

- 时间限制。选择"时间限制"选项，在弹出的对话框中，单击时间点，便可切换阻止或者允许，如图 1-68 所示。被控制账户在设置阻止的时间段登录时便会提示无法登录。

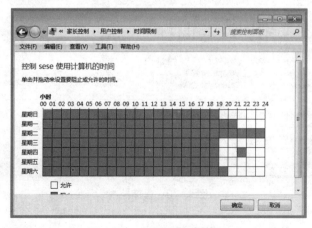

图 1-68 "时间限制"窗口

- 游戏。选择"游戏"选项，在弹出的对话框中（见图1-69），将游戏设置为不允许使用，当被控制账户在运行游戏时便会被提示已受控制。

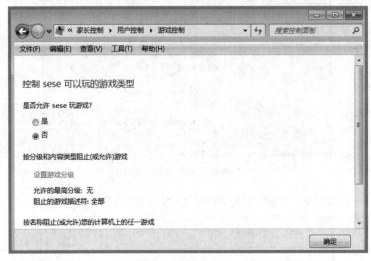

图1-69 "游戏控制"窗口

- 允许和阻止特定程序。程序控制可以设置为可以使用所有程序，或者只允许使用某些程序，如图1-70所示。系统会自己刷新可以找到的相关程序，勾选后便可设置为允许使用该程序；或者单击"浏览"按钮，添加系统无法找到的其他程序，当程序被阻止时会有相关提示。

图1-70 程序控制

相关知识与技能

一、操作系统的相关常识

1. 操作系统的概念

操作系统（Operating System，OS）是管理计算机硬件与软件资源的程序，同时也是计算机系统的内核与基石。操作系统身负诸如管理与配置内存、决定系统资源供需的优先次序、控制输入与输出设备、操作网络与管理文件系统等基本事务。操作系统管理计算机系统的全部硬件资源包括软件资源及数据资源，控制程序运行，改善人机界面，为其他应用软件提供支持等，使计算机系统所有资源最大限度地发挥作用，为用户提供方便的、有效的、友善的服务界面。操作系统是一个庞大的管理控制程序，大致包括5个方面的管理功能：进程与处理机管理、作业管理、存储管理、设备管理、文件管理。

2. 操作系统的类型：

操作系统可分为6种类型。

①简单操作系统。它是计算机初期所配置的操作系统，如IBM公司的磁盘操作系统DOS/360和微型计算机的操作系统CP/M等。这类操作系统的功能主要是操作命令的执行、文件服务、支持高级程序设计语言编译程序和控制外围设备等。

②分时系统。它支持位于不同终端的多个用户同时使用一台计算机，彼此独立互不干扰，用户感到好像一台计算机全为他所用。

③实时操作系统。它是为实时计算机系统配置的操作系统。其主要特点是资源的分配和调度首先要考虑实时性然后才是效率。此外，实时操作系统应有较强的容错能力。

④网络操作系统。它是为计算机网络配置的操作系统。在其支持下，网络中的各台计算机能互相通信和共享资源。其主要特点是与网络的硬件相结合来完成网络的通信任务。

⑤分布操作系统。它是为分布计算系统配置的操作系统，在资源管理、通信控制和操作系统的结构等方面都与其他操作系统有较大的区别。由于分布计算机系统的资源分布于系统的不同计算机上，操作系统对用户的资源需求不能像一般的操作系统那样等待有资源时直接分配的简单做法而是要在系统的各台计算机上搜索，找到所需资源后才可进行分配。对于有些资源，如具有多个副本的文件，还必须考虑一致性。所谓一致性是指若干个用户对同一个文件所同时读出的数据是一致的。为了保证一致性，操作系统须控制文件的读写操作，使得多个用户可同时读一个文件，而任一时刻最多只能有一个用户在修改文件。分布操作系统的通信功能类似于网络操作系统。由于分布计算机系统不像网络分布得很广，同时分布操作系统还要支持并行处理，因此它提供的通信机制和网络操作系统提供的有所不同，它要求通信速度快。分布操作系统的结构也不同于其他操作系统，它分布于系统的各台计算机上，能并行地处理用户的各种需求，有较强的容错能力。

⑥智能操作系统。智能手机操作系统是一种运算能力及功能比传统功能手机系统更强的手机系统。使用最多的操作系统有Android、iOS、Symbian、Windows Phone和BlackBerry OS，它们之间的应用软件互不兼容。因为可以像个人计算机一样安装第三方软件，所以智能手机有丰富的功能。智能手机能够显示与个人计算机所显示出来一致的正常网页，它具有独立的操作系统以及良好的用户界面，拥有很强的应用扩展性、能方便随意地安装和删除应用程序。

3. 主流操作系统

（1）桌面操作系统

桌面操作系统主要用于个人计算机上。个人计算机市场从硬件架构上来说主要分为两大阵营，PC与Mac。从软件上可主要分为两大类，分别为类UNIX操作系统和Windows操作系统。

①UNIX和类UNIX操作系统：Mac OS X、Linux发行版（如Debian、Ubuntu、Linux Mint、openSUSE、Fedora等）。

②微软公司Windows操作系统：Windows XP、Windows Vista、Windows 7、Windows 8、Windows 10等。

（2）服务器操作系统

服务器操作系统一般指的是安装在大型计算机上的操作系统，如Web服务器、应用服务器和数据库服务器等。服务器操作系统主要集中在三大类：

①UNIX系列：SUNSolaris、IBM-AIX、HP-UX、FreeBSD等。

②Linux系列：Red Hat Linux、CentOS、Debian、Ubuntu等。

③Windows系列：Windows Server 2003、Windows Server 2008、Windows Server 2008 R2等。

（3）嵌入式操作系统

嵌入式系统广泛应用在生活的各个方面，涵盖范围从便携设备到大型固定设施，如数码照相机、手机、平板计算机、家用电器、医疗设备、交通灯、航空电子设备和工厂控制设备等，越来越多的嵌入式系统安装有实时操作系统。

在嵌入式领域常用的操作系统有嵌入式Linux、Windows Embedded、VxWorks等，以及广泛使用在智能手机或平板计算机等消费电子产品的操作系统，如Android、iOS、Symbian、Windows Phone和BlackBerry OS等。

二、文件系统的基本概念

硬盘是存储文件的大容量存储设备。文件是计算机系统中信息存放的一种组织形式，是硬盘上最小的信息组织单位。文件是有关联的信息单位的集合，由基本信息单位（字节或字）组成，包括信件、图片以及编辑的信息等，一般情况下，一个文件是一组逻辑上具有完整意义的信息集合，计算机中的所有信息都以文件的形式存在。每个文件都赋予一个标示符，这个标示符就是文件名。

硬盘可容纳相当多的文件，需要把文件组织到目录和子目录中，在Windows 7下，目录被认为是文件夹，子目录被认为是文件夹的文件夹或者子文件夹，一个文件夹就是一个存储文件的有组织实体，它本身也是一个文件。使用文件夹把文件分成不同的组，这样Windows 7的整个文件系统形成树状结构。文件夹是对文件进行管理的一种工具，从外形上看，当打开一个文件夹时，它看上去是一个窗口；当关闭一个文件夹时，它看上去像一个文件夹图标。文件夹在许多方面都和目录相似，实际上，在Windows 7中有一种文件夹就是对磁盘上的目录以图形方式进行显示，在文件窗口中显示的对象就是该目录中所有的文件。

Windows 7还支持一些特殊的文件夹，它们不对应磁盘上的某个目录，而是包含了一些其他类型的对象。例如，桌面上的"计算机""控制面板"等。

Windows 7下有多种不同的文件类型，文件是根据它们所含的信息进行分类的，如程序文件、文本文件、图像文件、其他数据文件等文件形式。对于不同的文件，通过文件名加以识别。Windows 7的文件命名规则如下：

①允许使用长达256个字符的文件名，这与DOS系统文件名只能使用11个字符（即文件最多只有8个字符的文件名和3个字符的扩展名）不同，DOS系统会去掉超过的字符。

②可使用多间隔符的扩展名，如果需要，可创建一个与下面类似的例子：Qocument.Report.Work.Manth10。文件名可以有空格，但不能有？、\、*、<、>、|等符号。

③中文版Windows 保留指定文件名的大小写格式，但不能利用大小写区分文件名。例如，my.doc与MY.DOC被认为是同一个文件名。

④可使用汉字为文件名。

⑤DOS系统也能访问Windows中文版下的长文件名文件，但在访问时长文件名被截取成8个字符的DOS文件名和3个字符的扩展名。中文版Windows在把长文件名转换成DOS的短文件名时要遵循这样的规则：长文件名的前6个字符加"~1"，把长文件名的最后一部分的前3个字符作为DOS文件名的扩展名。

文件除了有文件名之外，还有文件属性。文件属性就是指文件的"只读"属性、"隐藏"属性、"存档"属性等。一个文件可以同时具备以上的一个或几个属性，具备"只读"属性的文件只能被读取，而不能被编辑或修改。具备"隐藏"属性的文件一般情况下不会在"计算机"和"资源管理器"中出现。具备"存档"属性的文件是文件最后一次被备份以来经过改动的文件，在计算机内保存的文件一般都具有此文件属性。

技巧与提高

一、磁盘格式化

对于新磁盘，必须格式化。磁盘格式化操作是给磁盘划分磁道和扇区，这样才能在磁盘上存储信息。如果磁盘上已存有信息，那么磁盘格式化则是一种非常危险的操作，因为格式化过的磁盘上的信息会全部丢失，而且可能永远都无法恢复，所以一定要谨慎。

在"计算机"窗口中，右击磁盘图标，在弹出的快捷菜单中选择"格式化"命令，打开"格式化"对话框，如图1-71所示。

对话框中有以下几项设置内容：

①容量：选定要格式化的磁盘容量。

②文件系统：选择是按FAT32格式还是按NTFS格式对磁盘进行格式化。

③分配单元大小：对要格式化的磁盘分配容量。

④卷标：给格式化的磁盘加一个标识。

⑤快速格式化：当磁盘以前已经做过格式化操作时，将删除磁盘文件，实现快速格式化。

二、磁盘属性

磁盘属性主要用于显示磁盘的容量和可用空间，显示和修改磁盘的卷标，进行磁盘维护操作等。

在"计算机"窗口或资源管理器中，右击某一驱动器图标，在弹出的快捷菜单中选择"属性"命令，打开如图1-72所示的磁盘属性对话框，包含常规、工具、硬件、以前的版本、自定义5个选项卡。

图 1-71　格式化对话框

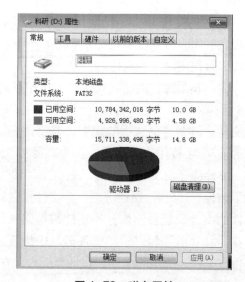

图 1-72　磁盘属性

①常规：显示磁盘的容量及可用空间。文本框中显示的是磁盘的卷标，用户可以在此修改卷标。

②工具：可以对磁盘进行检查磁盘错误、整理磁盘、备份磁盘等维护工作。

三、磁盘碎片整理工具

在使用磁盘的过程中，经常对磁盘进行诸如复制、删除等各种操作，会在磁盘上形成大量的碎片。所谓碎片是指磁盘上非连续的存储空间，磁盘碎片过多会使磁盘操作速度变慢，系统性能降低。通过使用Windows 7提供的磁盘碎片整理工具，可以将磁盘的簇分布重新调整，使之连续分布，提高系统读/写效率。

单击磁盘属性对话框中"工具"选项卡下的"立即进行碎片整理"按钮，打开如图1-73所示的窗口。

图 1-73　磁盘碎片整理程序

如果磁盘碎片数量过多，系统会提示进行碎片整理，这时单击"磁盘碎片整理"按钮，开始对磁盘的碎片进行整理。整理磁盘和磁盘碎片还可以单击"开始"按钮，选择"所有程序"→"附件"→"系统工具"→"磁盘清理"→"磁盘碎片整理程序"命令，进行磁盘清理和整理磁盘碎片。

创新作业

利用用户账户功能和家长控制功能限制一个用户周一到周五9：00—17：00不能玩计算机中的游戏，不能使用Windows Media Player 。

模块二 数据共享与通信——计算机网络技术

计算机网络，尤其是互联网的覆盖面遍及全球，为各种用户提供了多样化的网络与信息服务。在网络化的社会中，如果一台计算机没有接入互联网，其功能将大大降低。用户可以利用局域网和Internet实现资源共享、信息传输、电子邮件、信息查询、语音与图像通信服务等功能。

本模块通过3个项目实例介绍了计算机网络的应用，包括计算机网络的概念、局域网的设置、资源共享、Internet的相关知识、万维网的应用、电子邮件等相关知识内容。

通过本模块的学习，读者将跟程程一起学习局域网的组建、广域网的连接、互联网的应用等基本知识。同时，也将了解和学习计算机网络领域中出现的新技术。

能力目标

- 能创建家庭网络，实现文件夹及文件的共享。
- 能通过无线路由、局域网等接入互联网。
- 掌握计算机网络的基础知识。
- 能熟练使用浏览器、搜索引擎等进行信息搜索。
- 能使用邮箱收发邮件。
- 能利用下载工具下载音频、视频文件。

项目一 设置网络共享——配置局域网

项目描述

程程所在的部门人员众多，各种文件和数据的交流共享是办公室的第一要事。怎样才能完成这些文件与设备的共享？程程接下来的任务是在公司技术人员的帮助下，完成局域网的组建，并设置文件与文件夹的共享。

项目分析

完成该项目，有两种方法：

①创建操作系统同为Windows 7的家庭组。

②Windows 10和Windows 7之间的文件共享。

项目实现

一、创建操作系统同为 Windows 7 的家庭组

本项目的相关知识点及实现方法请扫描二维码，打开相关视频进行学习。

1. 创建家庭组

在Windows 7中打开"控制面板"→"网络和共享中心"，单击其中的"家庭组"，就可以在界面中看到家庭组的设置区域，如图2-1所示。如果当前使用的网络中没有其他人建立的家庭组存在的话，则会看到Windows 7提示你创建家庭组进行文件共享。此时单击"创建家庭组"，就可以开始创建一个全新的家庭组网络，即局域网。

打开创建家庭网的向导，如图2-2所示。首先选择要与家庭网络共享的文件类型，默认共享的内容是图片、音乐、视频、文档和打印机5个选项。除了打印机以外，其他4个选项分别对应系统中默认存在的几个共享文件。

微课
组建家庭组

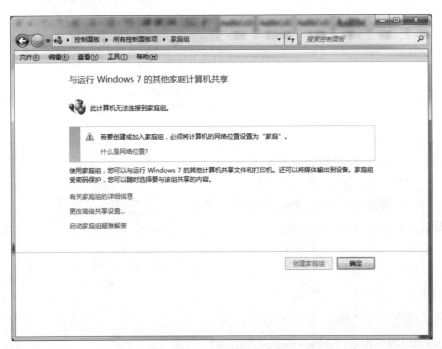

图 2-1　"家庭组"共享设置

2. 修改"家庭组"配置

在Windows 7系统中设置好文件共享之后，可以右击共享文件夹，选择"属性"命令打开一个对话框。选择"共享"选项卡，可以修改共享设置，包括选择和设置文件夹的共享对象和权限，也可以对某一个文件夹的访问进行密码保护设置，如图2-3所示。

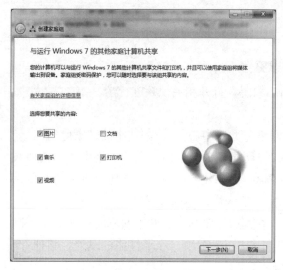

图 2-2 创建"家庭组"　　　　　　　　　图 2-3 修改共享属性

3. 设置共享资源权限

在Windows 7系统中，文件夹的共享只需在Windows 7资源管理器中选择要共享的文件夹，单击资源管理器上方菜单栏中的"共享"，并在菜单中设置共享权限即可。

如果只允许自己的Windows 7家庭网络中其他计算机访问此共享资源，就选择"家庭组（读取）"；如果允许其他计算机访问并修改此共享资源，就选择"家庭组（读取/写入）"。设置好共享权限后，Windows 7会弹出一个确认对话框，此时单击"是，共享这些选项"就完成了共享操作。图2-4所示为"家庭组"修改密码窗口。

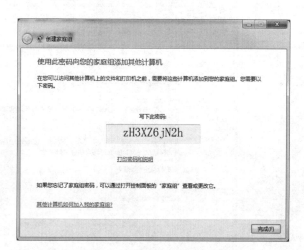

图 2-4 "家庭组"修改密码

二、Windows 10 和 Windows 7 之间的文件共享

如果是Windows 10和Windows 7之间的文件共享，在Windows 7计算机上除了以上提及的设置外，还需要完成如下操作，前提是安装Windows 10的计算机和安装跟Windows 7的计算机必须在同一个工作组里。

1. 关闭防火墙

打开"控制面板"选择"Windows防火墙"→"打开或关闭Windows防火墙"，在"家庭或工作（专用）网络位置设置栏"选中"关闭Windows防火墙"单选按钮，然后单击"确定"按钮，如图2-5所示。

图 2-5　Windows 防火墙设置

2. 取消账户禁用

右击"计算机"选择"管理"→"本地用户和组"→"用户"就可以看到一个Guest的用户如图2-6所示。右击（Guest）选择"属性"命令，打开"Guest属性"对话框（见图2-7），取消选中"账户已禁用"复选框，单击"确定"按钮即可。

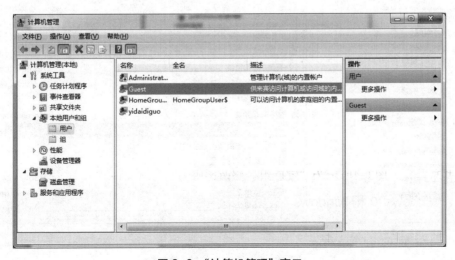

图 2-6　"计算机管理"窗口

图 2-7 Guest 属性窗口

3. 共享计算机的本地策略设置

打开"控制面板"→"系统安全"→"管理工具"，双击打开"本地安全策略"会弹出一个"本地安全策略"的对话框（见图2-8），依次单击"安全设置"→"本地策略"→"用户权限分配"，这时在右边对话框中就可以看到一条策略"拒绝从网络访问这台计算机"，双击它弹出一个"拒绝从网络访问这台计算机属性"对话框（见图2-9），选中Guest用户单击"删除"按钮，然后单击"保存"按钮即可。

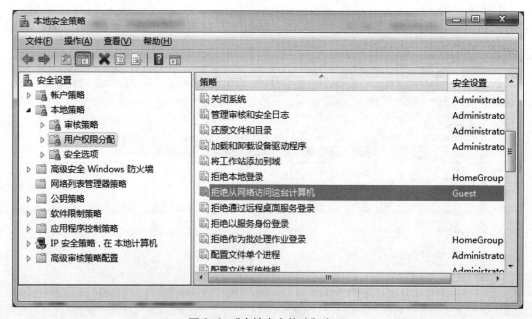

图 2-8 "本地安全策略"窗口

图2-9　"拒绝从网络访问这台计算机属性"对话框

4. 来宾身份验证设置

打开"本地安全策略"下面的"安全设置"→"本地策略"→"安全选项",然后在右侧的对话框中可以看到一个"网络访问:本地账户的共享和安全模型"(见图2-10),这时候我们双击会打开一个"网络访问:本地账户的共享和安全模型属性"对话框,如图2-11所示,然后将其修改成"仅来宾-对本地用户进行身份验证,其身份为来宾",单击"确定"按钮即可。

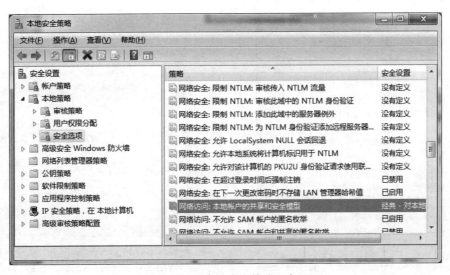

图2-10　"本地安全策略"窗口

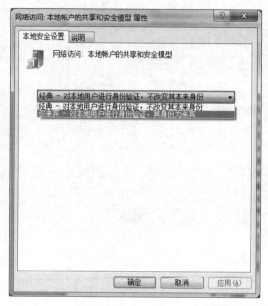

图 2-11　本地账户的共享和安全模型属性

5. 共享文件夹设置

右击需要共享的文件夹，选择"属性"命令，然后在"共享"选项卡中单击"高级共享"（见图2-12）按钮，在打开的"高级共享"对话框中勾选"共享此文件夹"复选框，单击"确定"按钮，如图2-13所示。接着在"安全"选项中单击"编辑"按钮（见图2-14），然后单击"添加"按钮并在打开的对话框中输入guest，单击"检查名称"按钮，再单击"确定"按钮（见图2-15）。最后单击"应用"按钮即可完成对该文件夹的设置。

注意： NTFS格式的分区才有安全选项。

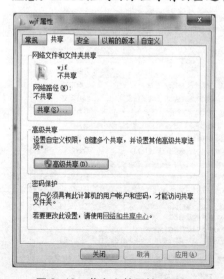

图 2-12　共享文件属性对话框

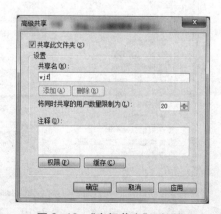

图 2-13　"高级共享"对话框

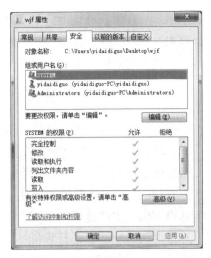

图 2-14　设置安全属性

图 2-15　"选择用户或组"对话框

相关知识与技能

计算机网络自20世纪60年代末诞生以来仅50多年时间即以异常迅猛的速度发展起来，被越来越广泛地应用于政治、经济、军事、生产及科学技术等各个领域。现在，计算机网络已经形成了一个覆盖全球的巨大网络，它把世界变小，使地球上人们之间的相互交流变得更加容易。可以毫不夸张地说，网络时代已经到来。

在未来信息化的社会里，人们必须学会在网络环境下使用计算机，通过网络进行交流，获取信息。下面将主要介绍计算机网络的基础知识、基本应用及电子商务知识。

一、网络基础知识

计算机网络最主要的目的是提供不同计算机和用户之间的资源共享，具有把个人与集体联系在一起的功能。

计算机网络的功能如下：

①数据通信：它是计算机网络的基本功能。

②资源共享：包含计算机硬件资源、软件资源和数据与信息资源的共享。

③远程传输：分布在不同位置的用户可以相互传输数据信息，相互交流，协同工作。

④集中管理：指在一台或多台服务器上管理分散在其他计算机上的资源。

⑤负荷均衡：指网络中的工作负荷被均匀地分配给网络中的各计算机系统。

⑥实现分布式处理：网络可以将一个比较大的问题或任务分解为若干个子问题或子任务分散到网络中不同的计算机进行处理。

1. 计算机网络的定义

两台或两台以上具有独立功能的计算机通过通信设备和传输介质互相连接，在通信软件的支持下，实现计算机间资源共享、信息交换或协同工作的系统，称为计算机网络。

计算机网络是计算机技术与通信技术相结合的产物。一方面，通信网为计算机之间的数据传送和交换提供必要的手段；另一方面，计算机技术的发展渗透到通信技术中，提高了通信网的各种性能。这两方面的进展都离不开人们在微电子技术上取得的辉煌成就。

2. 计算机网络的发展

主机-终端系统是计算机网络的雏形，它是由多台终端设备通过通信线路连接到一台中央计算机上而构成，有人称之为面向终端的计算机网络。根据作业处理方式的不同，这种系统可分为实时处理联机系统、分时处理联机系统和批处理联机系统。例如，20世纪50年代末，美国的防空系统（SAGE）使用了总长度约240万千米的通信线路，连接1 000多台终端，实现了远程集中控制。又如，20世纪60年代，美国建成了全国性飞机订票系统，用一台中央计算机连接着2 000多个遍布全国的终端。这些都是计算机技术与通信技术结合的最初标志。主机-终端系统虽然还称不上是真正的计算机网络，但它提供了计算机通信的许多基本方法，而这种系统本身也成为日后发展起来的计算机网络的组成部分。

真正成为计算机网络里程碑的是建于1969年的ARPANet，即美国国防部高级研究计划局网络，初建时只连接了4台计算机，1973年发展到40台，1983年已有100多台不同型号的计算机进入ARPANet。ARPANet不仅跨越了美洲大陆，连通了美国东西部的许多高等院校和研究机构，而且通过卫星与欧洲等地的计算机网络互相连通。

继ARPANet之后，一些发达国家陆续建成了许多全国性的计算机网络，这些计算机网络都以连接主机系统（大、中、小型计算机）为目的，跨越广阔的地理位置，通信线路大多采用租用的电话线，少数铺设专用线缆。这类网络的作用是实现远距离的计算机之间的数据传输和信息共享。例如，在ARPANet中，斯坦福大学的文件库、犹他大学的数字处理及曲线处理系统、麻省理工学院的数学计算软件系统、伊利诺斯大学的阵列式巨型计算机群等，均可为网络中的用户通过自己的终端使用。这类计算机网络统称为广域网（Wide Area Network，WAN）。

与此同时，计算机的另一个分支开始发展起来。进入20世纪80年代，个人计算机（Personal Computer，PC）如雨后春笋般地发展和普及，微机应用几乎渗透到社会生活的每一个领域。PC的出现为计算机网络的发展提供了一个新天地，不同于广域网的另一类计算机网络——局域网（Local Area Network，LAN）应运而生。局域网的目的是为了一个单位，或一个相对独立的局部范围内大量存在的微机能够相互通信、共享昂贵的外围设备（如大容量磁盘、激光打印机、绘图仪等）、共享数据信息和应用程序而建立的。局域网一般不需要租用电话线，而是使用专门铺设的通信线路，所以传输速率比广域网高得多。

局域网的应用领域非常广泛，目前在学校、公司、机关或厂矿管理部门开发的计算机管理信息系统、办公自动化系统，以及计算机集成制造系统等大都建立在局部网络上。局域网在银行业务处理、交通管理、计算机辅助教学等领域都将起到基础性作用。

应该指出，局域网在应用中往往不是孤立的，它可以与本部门的大型机系统互相通信，还可以与广域网连接，实现与远地主机或远地局部网络之间的相互连接。网络互连形成了规模更大的互联网。网络互连的目的就是让一个网络上的用户能访问其他网络上的资源，可使不同网络上的用户也能相互通信和交换信息。

因特网（Internet）就是一个覆盖全球的互联网络。因特网的发展改变了20世纪80年代的联网模式，那时联网大多采用计算机公司的专用网，用户购买的计算机和联网设备全来自同一厂家。而新的互联网络结构是将主要的联网协议集成到一个共享的、开放的、易于管理的主干网，各计算机和网络厂商采纳这种新的概念，安排新的产品和服务，从单一厂商的支持模式转变到新的网络互连模式，这种模式和结构将成为通用的网络基础，并实现利用各种物理介质对于LAN和WAN的互连。

从网络发展的趋势看，网络系统由局域网向广域网发展，网络的传输介质由有线技术向无线技术发展，网络上传输的信息向多媒体方向发展。网络化的计算机系统将无限地扩展计算机应用的平台。

3. 计算机网络的分类

网络按距离一般分为3类：局域网、城域网（Metropolitan Area Network，MAN）和广域网。

局域网通常只限于一座或一群办公楼中，采用高速电缆连接。其特点是分布距离短（一般在1 km以内），传输速度快，连接费用低，并且错误率很低。

城域网是位于一座城市的一组局域网。例如，如果一所学校有多个分校分布在城市的不同地方，将它们互连起来组成的网络其传输速度比局域网慢，并且由于把不同的局域网连接起来需要专门的网络互连设备，所以连接费用较高。

广域网的特点和局域网相反，其分布距离长，可以横跨几个国家甚至全世界，传输速度远低于局域网，错误率在3种网络类型中最高，而且费用最高。

二、网络的结构

1. 计算机网络的组成

由于计算机网络的基本功能分为数据处理和数据通信两大部分，因此对应的结构也分为两部分：一是负责处理的计算机和终端设备，即资源子网；二是负责数据通信的通信控制处理机（CCP）和通信线路，即通信子网。

2. 计算机网络的系统组成

计算机网络是一个非常复杂的系统，它通常由计算机软件、硬件、通信设备及传输介质组成。下面分别介绍一下构成网络的主要成分。

（1）各种类型的计算机

这些计算机由于所承担的任务不同，因而在网络中分别扮演了不同的角色。网络中的计算机可扮演的角色有2种：服务器、客户机。

①服务器（Server）：为网络上的其他计算机提供服务的功能强大的计算机。

②客户机（Client）：使用服务器所提供服务的计算机。

在基于PC的局域网中，服务器是网络的核心。服务器一般由高档微机、工作站或专门设计的计算机（即专用服务器）充当。根据服务器在网络中所起的作用，又可将其进一步划分为文件服务器、打印服务器、数据库服务器、通信服务器等。例如，文件服务器可提供大容量磁盘存储空间为网上各微机用户共享，它接收并执行用户对于文件的存取请求；打印服务器接收来自客户机的打印任务，并负责打印队列的管理和控制打印机的打印输出；而通信服务器负责网络中各客户机对主计算机的联系，以及网与网之间的通信等。总之，服务器主要提供各种网络上的服务，并实施网络的各种管理。服务器既然是同时为多个用户服务，其基本环境都是支持多任务的多用户系统，如UNIX、NetWare或Windows NT。

（2）共享的外围设备

连接在服务器上的硬盘、打印机、绘图仪等都可以作为共享的外围设备。除此之外，一些专门设计的外围设备，如网络共享打印机，可以不经过主机而直接连到网络上。局域网中的工作站都可以使用共享打印机，就像使用本地打印机一样。

（3）网卡

网卡又称网络适配器。一台微机，无论在网络中扮演何种角色，都必须配备一块网卡，通过它与通信线路相连接。网卡主要是将计算机数据转换为能够通过介质传输的信号。

（4）传输介质

计算机和通信设备之间，以及通信设备和通信设备之间都通过传输介质互连，传输介质为数据传输提供信道。局域网常用的传输介质有双绞线、同轴电缆和光缆。除此之外，无线传输介质（如微波、红外线和激光等）在计算机网络中也显示出它的广泛用途。

（5）网络互连设备

局域网与局域网、局域网与主机系统，以及局域网与广域网的连接都称为网络互连。而网络互连的接口设备称为网络互连设备或中继器。常用的互连设备有交换机（Switch）、网桥（Bridge）、路由器（Router）和网关（Gateway）等。

目前，路由器的应用很广泛，已经成为计算机网络的一个重要组成部分。路由器用于连接多个逻辑上分开的网络（子网），每个子网代表一个单独的网络。当需要从一个子网传送数据到另一个子网时，可通过路由器来完成。路由器具有判断网络地址和选择路径的功能，它能在复杂的网络互连环境中建立非常灵活的连接。路由器工作在网络层，用于对数据包进行转发，并负担着数据包寻址的功能。

网关的职能是完成网络之间的协议转换。它可在OSI模型的所有7层上运行，可以做任何事情，从转换协议到转换应用程序数据。例如，工作在应用层的应用层网关，常见的应用层网关有邮件网关，它可以将一种类型的邮件转换成另一种类型的邮件，如把Lotus Notes的电子邮件转换成因特网电子邮件。

网桥也称桥接器，是连接两个局域网的一种存储/转发设备，它能将一个大的LAN分割为多个网段，或将两个以上的LAN互联为一个逻辑LAN，使LAN上的所有用户都可访问服务器。扩展局域网最常见的方法是使用网桥。最简单的网桥有两个端口，复杂些的网桥可以有更多的端口。网桥的每个端口与一个网段相连。

交换机根据工作位置的不同，可以分为广域网交换机和局域网交换机。广域的交换机就是一种在通信系统中完成信息交换功能的设备，它应用在数据链路层。交换机有多个端口，每个端口都具有桥接功能，可以连接一个局域网或一台高性能服务器或工作站。实际上，交换机有时被称为多端口网桥。

(6) 网络软件

网络软件包括网络操作系统和网络协议。网络中的计算机如果要相互通信，就必须使用一种标准的语言。有了共同的语言，双方才能相互沟通。协议（Protocol）就是为网络通信制定的人们都要遵守的规则。

网络操作系统（NOS）是使网络上各计算机能方便而有效地共享网络资源，为网络用户提供所需的各种服务的软件和有关规程的集合，是网络用户和计算机之间的接口。它除了具有一般操作系统所具备的处理机管理、存储器管理、设备管理、文件管理等基本功能外，还具有高效、可靠的网络通信功能以及多种网络服务功能。代表性的产品有UNIX网络操作系统、Novell公司的NetWare、Microsoft公司的Windows NT。

3. 常见的网络拓扑结构

网络中各个站点相互连接的方法和形式称为网络拓扑，网络拓扑结构是从另一角度来讨论网络的特性。网络拓扑结构主要有以下几种：

(1) 总线拓扑

总线拓扑采用单根传输线作为传输介质，网络上的所有站点都通过相应的硬件接口直接连到一条主干电缆（即总线）上，如图2-16所示。当一个站点要通过总线进行传输时，必须确定该传输介质是否正被使用。如果没有其他站点正在传输，就可以发送信号，其他所有站点都将接收到该信号，然后判断其地址是否与接收者地址匹配，若不匹配，则发送到该站点的数据将被丢弃。

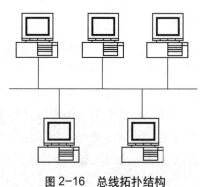

图2-16 总线拓扑结构

总线拓扑的优点是电缆长度短，容易布线，增加结点时便于扩充；缺点是故障诊断较为困难，如果主干网线发生故障，则整个网络都可能瘫痪。

(2) 环状

环状结构看起来像首尾相连的总线拓扑，如图2-17所示。但环状结构在功能上与总线结构有很大的区别。在环状结构的网络上，数据流在站点之间单向传输，当信号被传递给相邻站点时，相邻站点对该信号进行了重新传输，依此类推，这种方法提供了能够穿越大型网络的可靠信号。

令牌传递经常被用于环状结构。在这样的系统中，令牌沿网络传递，得到令牌控制权的站点可以传输数据。数据沿环传输到目的站点，目的站点向发送站点发回已接收到的确认信息。然后，令牌被传递给另一个站点，赋予该站点传输数据的权力。

环状网的优点是电缆长度短，抗故障性能好。其拓扑结构尤其适于传输速度快、能抗电磁干扰的光缆的使用。其缺点是结点故障会引起全网故障，故障诊断也较困难，且不易重新配置网络。

（3）星状

星状结构是由各站点通过点到点链路连接到中央结点上而形成的网络结构，如图2-18所示。每个站点使用一条单独的电缆，电缆将站点连接到一台中央设备（通常是集线器）。各站点之间的通信都要通过中央结点来完成。中央结点执行集中式通信控制策略，因而其结构相当复杂，而各个站点的通信处理负担都很轻。

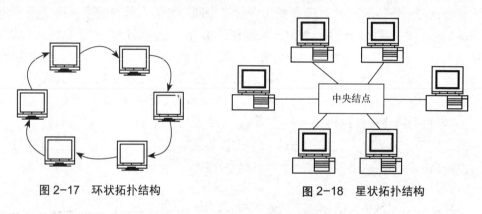

图 2-17　环状拓扑结构　　　　图 2-18　星状拓扑结构

星状拓扑结构的优点是连接方便，容易检测和隔离故障。由于任何一个"连接"只涉及中央结点和一个站点，故通信控制技术实现起来比较简单。其缺点是整个网络依赖于中央结点，如果中央结点发生故障，则全网不能工作，所以对中央结点的可靠性要求很高。另外，其所需要的电缆长度较长。

值得一提的是，由于近几年来集线器技术的发展而导致其在网络中的大量运用，使总线型的网络结构逐步向以使用非屏蔽双绞线并采用星状拓扑结构的模式靠近。这一模式的核心就是利用集线器作为网络的中心，连接网络上的各个结点。

（4）树状

树状结构是从总线和星状结构演变来的，它有两种类型：一种是由总线拓扑结构派生出来的，它由多条总线连接而成，如图图2-19（a）所示；另一种是星状结构的变种，各结点按一定的层次连接起来，形状像一棵倒置的树，故名为树状结构，如图2-19（b）所示。在树状结构的顶端有一个根结点，它带有分支，每个分支还可再带子分支。

树状拓扑结构的主要优点是易于扩展，易故障隔离，可靠性高。缺点是电缆成本高，对根结点的依赖性大，一旦根结点出现故障，将导致全网不能工作。

4. 计算机网络的体系结构

如前所述，计算机网络是以资源共享、信息交换为根本目的，通过传输介质将物理上分散的独立实体（如计算机系统、外设、智能终端、网络通信设备等）互连而成的网络系统。

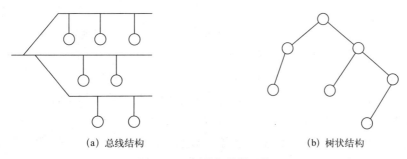

(a) 总线结构　　　　　　　　　　　(b) 树状结构

图 2-19　树状拓扑的网络

　　网络体系结构就是对构成计算机网络的各组成部分之间的关系及所要实现功能的一组精确定义。在计算机系统设计中，经常使用"体系结构"这个概念，它是指对系统功能进行分解，然后定义出各个组成部分的功能，从而达到用户需求的总体目标。因此，体系结构与层次结构是不可分离的概念，层次结构是描述体系结构的基本方法，而体系结构也总是具有分层特征。

　　层次结构的特点是每一层都建立在前一层的基础之上，低层为高层提供服务。例如，第N层中的实体在实现自身定义的功能时，就充分利用 $N-1$ 层提供的服务，由于 $N-1$ 层同样使用了 $N-2$ 层的服务，所以 N 层也间接利用了 $N-2$ 层提供的功能……由此不难看出，N 层是将以下各层的功能"增值"，即加上自己的功能，为 $N+1$ 层提供更完善的服务，同时屏蔽具体实现这些功能的细节。其中，最低层是只提供服务而不使用其他层服务的基本层；而最高层肯定是应用层，它是系统最终目标的体现。

　　计算机网络体系结构的核心是如何合理地划分层次，并确定每个层次的特定功能及相邻层次之间的接口。由于各种局域网的不断出现，迫切需要异种网络及不同机种互连，以满足信息交换、资源共享及分布式处理等需求，而这就要求计算机网络体系结构的标准化。

　　在计算机网络分层结构体系中，通常把每一层在通信中用到的规则与约定称为协议。协议是一组形式化的描述，它是计算机网络软硬件开发的依据。有人称计算机网络协议是计算机通信的语言。网络中的计算机如果要相互"交谈"，它们就必须使用一种标准的语言，有了共同的语言，交谈的双方才能相互"沟通"。

　　考虑到异构环境及通信介质的不可靠性，通信双方要密切配合才能完成任务。通信前，双方要取得联络，并协商通信参数、方式等；在通信过程中，要控制流量，进行错误检测与恢复，保证所传输的信息准确无误；在通信后，要释放有关资源（如通信线路等）。由于这种通信是在不同的机器之间进行，故只能通过双方交换特定的控制信息才能实现上述目的，而交换信息必须按一定的规则进行，只有这样双方才能保持同步，并能理解对方的要求。

1984年，国际标准化组织（ISO）公布了一个作为未来网络协议指南的模型，该模型被称作开放系统互连参考模型（OSI）。这一系统标准将所有互连的开放系统划分为功能上相对独立的七层，由底层到高层分别是物理层、数据链路层、网络层、传输层、会话层、表示层、应用层。OSI模型描述了信息流自上而下通过源设备的七层模型，再经过中介设备，然后自下而上穿过目标设备的七层模型。这些设备可以是任何类型的网络设备：联网的计算机、打印机、传真机以及路由器等。

如图2-20所示，当源设备（主机A）上的用户利用某一应用程序将数据发送到应用层时，应用层将它自己的信息（报头）附加在数据信息上并送至下一层。表示层接到该信息后并不将原始数据与应用层的报头分离，而认为接收到的信息是有用的数据，而且还将本层的报头附加在该"数据"上并送至会话层……这样的过程沿着OSI模型自上而下进行，直至传送到物理层，在这一层，"数据"将被转变为由1和0组成的比特流。

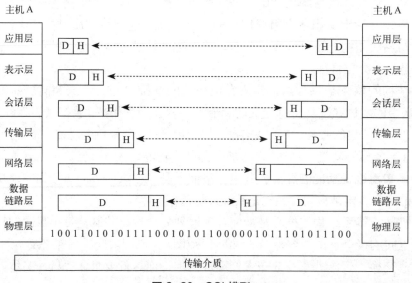

图 2-20　OSI 模型

当该比特流通过传输介质到达目标设备中（主机B）时，上述的过程将反过来进行。在每一层，该层的报头被剥去，然后数据被传送到上一层。最后，数据被传递到相关的应用程序。

在网络体系结构的最底层（物理层），信息交换体现为直接相连的两台机器之间无结构的比特流传输。物理层以上的各层所交换的信息便有了一定的逻辑结构，越往上逻辑结构越复杂，也越接近用户真正需要的形式。信息交换在低层由硬件实现，而到了高层，则由软件实现。例如，通信线路及网卡就是承担物理层和数据链路层两层协议所规定的功能。

三、计算机网络领域中出现的新技术和新概念

1. IPv6

随着Internet的发展，IPv4由于存在地址空间危机、IP性能及IP安全性等问题，严重制

约了IP技术的应用和未来网络的发展，将慢慢地被IPv6所取代。IPv6的发展是从1992年开始的，经过20多年的发展，IPv6的标准体系已经基本完善，目前正处于IPv4和IPv6共存的过渡时期。IPv6具有拥有大地址空间、即插即用、移动便捷、易于配置、贴身安全等优点。随着为各种设备增加网络功能成本的下降，IPv6将在连接有各种装置的超大型网络中运行良好，可以上网的不仅仅是计算机、手机，也可以是家用电器、信用卡等。

2. 5G

5G是第五代移动电话通信标准，也称第五代移动通信技术。5G是由"第三代合作伙伴计划组织"（3rd Generation Partnership Project，3GPP）负责制定的。3GPP是一个标准化机构，目前其成员包括中国、欧洲、日本、韩国和北美的相关行业机构。

5G的好处体现在它有三大应用场景：增强型移动宽带、超可靠低时延和海量机器类通信。也就是说，5G可以给用户带来更高的带宽速率、更低更可靠的时延和更大容量的网络连接。5G的三大应用场景所带来的不仅是网速的提升，还会将无线通信应用到更多的地方，让许多之前停留在理论阶段或者某些因为条件限制而刚起步的科技得到广泛的应用，如智慧城市、智能家居、无人机、增强现实、虚拟现实、物联网等。

5G能给智能手机和其他设备提供比以往更快的速度和更可靠的连接。5G网络将助推物联网技术大幅增长，提供承载海量数据所需的基础设施，从而实现一个更智能、更互联的世界。

3. 人工智能

人工智能（Artificial Intelligence，AI）是研究、开发用于模拟、延伸和扩展人的智能的理论、方法、技术及应用系统的一门新的技术科学。研究目的是促使智能机器会听（语音识别、机器翻译等）、会看（图像识别、文字识别等）、会说（语音合成、人机对话等）、会思考（人机对弈、定理证明等）、会学习（机器学习、知识表示等）、会行动（机器人、自动驾驶汽车等）。

人工智能是计算机科学的一个分支，它试图揭示智能的实质，并生产出一种新的能以人类智能相似的方式做出反应的智能机器，该领域的研究包括机器人、语言识别、图像识别、自然语言处理和专家系统等。人工智能从诞生以来，理论和技术日益成熟，应用领域也不断扩大，可以设想，未来人工智能带来的科技产品，将会是人类智慧的"容器"。人工智能可以对人的意识、思维的信息过程进行模拟。人工智能不是人的智能，但能像人那样思考，也可能超过人的智能。2017年10月，在沙特阿拉伯首都利雅得举行的"未来投资倡议"大会上，机器人索菲亚被授予沙特公民身份，她也因此成为全球首个获得公民身份的机器人。

4. 云计算技术

云计算掀开了IT产业第四次革命的大幕。美国政府把云计算上升到国家战略层面，美国国防信息系统部门（DISA）正在其数据中心内部搭建云环境，而美国宇航局（NASA）下设的埃姆斯研究中心最近也推出了一个名为"星云"（Nebula）的云计算环境。我国政府也高度重视云计算机及其发展趋势，将云计算视为下一代信息技术的重要内容，促进云计算的研发和示范应用。

狭义的云计算指的是一种IT基础设施的交付和使用的模式，通常是指通过网络以按需、易扩展的方式获得所需的资源（硬件、平台、软件）。提供资源的网络被称为"云"。"云"中的资源在使用者看来是可以无限扩展的，并且可以随时获取，按需使用，按使用付费，随时扩展。这种特性经常被称为像水电一样使用IT基础设施和软件服务。

广义的云计算是服务的交付和使用的模式，指通过网络以按需、易扩展的方式获得所需的服务。这种服务可以是基于互联网的软件服务、宽带服务，也可以是任意其他的服务。所有这些网络服务可以理解为网络资源，众多资源形成"资源池"。

通常把这种资源池称为"云"。"云"是一些可以自我维护和管理的虚拟计算资源，通常为一些大型服务器集群，包括计算服务器、存储服务器、带宽资源等。云计算将所有的计算资源集中起来，并由软件实现自动管理，无须人为参与。这使得应用提供者无须为烦琐的细节而烦恼，能够更加专注于自己的业务，有利于创新和降低成本。有人打了个比方，这就好比是从古老的单台发电机模式转向了电厂集中供电的模式，它意味着计算机能力也可以作为一种商品进行流通，就像煤气、水电一样，取用方便，费用低廉。最大的不同在于，它是通过互联网进行传输的。

无论是狭义概念还是广义概念，我们都不难看出，云计算是分布式计算（Distributed Computing）和网格计算（Grid Computing）的发展，或者说是这些计算机科学概念的商业实现。云计算是一种基于因特网的超级计算模式，在远程的数据中心，成千上万台计算机和服务器连接成一片云。用户通过计算机、手机等方式接入数据中心，按自己的需求进行运算。

5. 移动计算技术

移动计算是随着移动通信、互联网、数据库、分布式计算等技术的发展而兴起的新技术。移动计算技术将使计算机或其他信息智能终端设备在无线环境下实现数据传输及资源共享。其作用是将有用、准确的用户即时信息提供给任何时间、任何地点的任何客户。这将极大地改变人们的生活方式和工作方式。

与固定网络上的分布计算相比，移动计算具有以下一些主要特点：

①移动性。移动计算机在移动过程中可以通过所在无线单元的移动基站（MSS）与固定网络的结点或其他移动计算机连接。

②网络条件多样性。移动计算机在移动过程中所使用的网络一般是变化的，这些网络既可以是高带宽的固定网络，也可以是低带宽的无线广域网（CDPD），甚至处于断接状态。

③频繁断接性。由于受电源、无线通信费用、网络条件等因素的限制，移动计算机一般不会采用持续联网的工作方式，而是主动或被动地间连、断接。

④网络通信的非对称性。一般固定服务器结点具有强大的发送设备，移动结点的发送能力较弱。因此，下行链路和上行链路的通信带宽和代价相差较大。

⑤移动计算机的电源能力有限。移动计算机主要依靠蓄电池供电，容量有限。经验

表明，电池容量的提高远低于同期CPU速度和存储容量的发展速度。

⑥可靠性低。这与无线网络本身的可靠性及移动计算环境的易受干扰和不安全等因素有关。由于移动计算具有上述特点，构造一个移动应用系统，必须在终端、网络、数据库平台以及应用开发上做一些特定考虑，应用上则须考虑与位置移动相关的查询和计算的优化。

移动计算是一个多学科交叉、涵盖范围广泛的新兴技术，是计算技术研究中的热点领域，并被认为是对未来具有深远影响的四大技术方向之一。

6. 物联网技术

物联网（The Internet of Things）是新一代信息技术的重要组成部分。顾名思义，物联网就是"物物相连的互联网"。这有两层意思：第一，物联网的核心和基础仍然是互联网，是在互联网基础上的延伸和扩展的网络；第二，其用户端延伸和扩展到了任何物体与物体之间，进行信息交换和通信。因此，物联网的定义是：通过射频识别（RFID）、红外感应器、全球定位系统、激光扫描器等信息传感设备，按约定的协议，把任何物体与互联网相连接，进行信息交换和通信，以实现对物体的智能化识别、定位、跟踪、监控、管理和控制的一种网络。

与传统的互联网相比，物联网有其鲜明的特征。首先，它是各种感知技术的广泛应用。物联网上部署了海量的多种类型传感器，每个传感器都是一个信息源，不同类别的传感器所捕获的信息内容和信息格式不同。其次，它是一种建立在互联网上的泛在网络。物联网技术的重要基础和核心仍旧是互联网，通过各种有线和无线网络与互联网融合，将物体的信息实时准确地传递出去。再次，物联网不仅仅提供了传感器的连接，其本身也具有智能处理的能力，能够对物体实施智能控制。物联网将传感器和智能处理相结合，利用云计算、模式识别等各种智能技术，扩充其应用领域。从传感器获得的海量信息中分析、加工和处理出有意义的数据，以适应不同用户的不同需求，发现新的应用领域和应用模式。

7. 大数据

大数据（Big Data），指无法在一定时间范围内用常规软件工具进行捕捉、管理和处理的数据集合，是需要新处理模式才能具有更强的决策力、洞察发现力和流程优化能力的海量、高增长率和多样化的信息资产。

大数据带给我们的3个颠覆性观念转变：是全部数据，而不是随机采样；是大体方向，而不是精确制导；是相关关系，而不是因果关系。通过对数据的分析，达成两种目的：了解事物的发展规律；预测事物的发展方向。大数据的作用如下：

①对大数据的处理分析正成为新一代信息技术融合应用的结点。移动互联网、物联网、社交网络、数字家庭、电子商务等是新一代信息技术的应用形态，这些应用不断产生大数据。云计算为这些海量、多样化的大数据提供存储和运算平台。通过对不同来源数据的管理、处理、分析与优化，将结果反馈到上述应用中，将创造出巨大的经济和社会价值。

②大数据是信息产业持续高速增长的新引擎。面向大数据市场的新技术、新产品、新服务、新业态会不断涌现。在硬件与集成设备领域，大数据将对芯片、存储产业产生重要影响，还将催生一体化数据存储处理服务器、内存计算等市场。在软件与服务领域，大数据将引发数据快速处理分析、数据挖掘技术和软件产品的发展。

③大数据利用将成为提高核心竞争力的关键因素。各行各业的决策正在从"业务驱动"转变"数据驱动"。

技巧与提高

·········●微课

网线连两台计算机访问文件

··········●

本项目的相关知识点及实现方法请扫描二维码，打开相关视频进行学习：

当在没有网络、移动存储设备的情况下，却要在两台计算机间进行数据传输时，就需要用一条网线直接连接两台计算机通过文件夹的共享来传输数据。

首先制作一根网线，在制作时需要考虑是两台同种设备互连还是不同设备间的互连。若是同种设备，则需要使用交叉线来连接，相反则需要使用直连线连接。

交叉线是指：一端是568A标准，另一端是568B标准的双绞线。直连线则指：两端都是568A或都是568B标准的双绞线。568A的排线顺序从左到右依次为白绿、绿、白橙、蓝、白蓝、橙、白棕、棕；568B则为白橙、橙、白绿、蓝、白蓝、绿、白棕、棕。

考虑到现今计算机的网卡都自适应交叉线和直连线，在此不再累述两者的制作方法。现就两台计算机的连接设置步骤阐述如下：

第一台计算机的设置步骤如下：

①打开网络和共享中心，单击"更改适配器设置"选项（见图2-21），右击"本地连接"图标，选择"属性"命令，双击Internet协议版本4（TCP/IPv4），如图2-22所示。

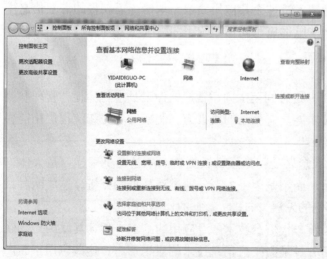

图2-21　网络和共享中心设置

图2-22　打开 TCP/IPv4 属性

②设置第一台计算机上的IP地址，如图2-23所示。

③设置第二台计算机IP地址，如图2-24所示。

图 2-23　设置第一台计算机 IP 地址

图 2-25　"运行"对话框

注意：设置IP地址时，两台计算机默认网关要一致，且IP地址的最后一位必须不同，且为1~254中的一个数。设置完两台计算机的IP地址后，需要验证两台计算机是否联通。

④在第一台计算机上按（Win+R）组合键输入cmd后（见图2-25），在终端输入ping 192.168.0.100（同样在第二台计算机上ping 192.168.0.1也是可以的）。

出现以下反馈回的数据，证明是相通的。如果不通，会显示无法访问主机，这样就要检查一下网络设置，如图2-26所示。

ping不通的情况如图2-27所示。

图 2-26　ping 通提示界面

图 2-27　未 ping 通提示界面

⑤ping通后，可设置所需传输的数据文件，例如，要共享桌面的wjf文件夹，可右击该文件夹，选择"属性"命令，在打开的对话中选择"共享"选项卡，单击"高级共享"按钮，如图2-28所示。

⑥在打开的"高级共享"对话中勾选"共享此文件夹"复选框，如图2-29所示。

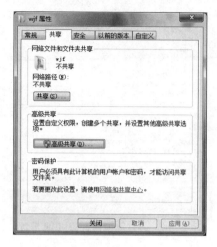

图 2-28　设置文件夹共享（一）

图 2-29　设置文件夹共享（二）

⑦单击"权限"按钮，设置共享的权限，如果没有显示要共享的组或用户，可单击"添加"按钮，添加所要共享的组或用户。这里所共享的对象是Everyone，勾选相应的权限，单击"确定"按钮，如图2-30所示。

到此，就可在第二台计算机上访问第一台计算机上共享的文件，只需输入共享的文件夹属性中的网络路径即可，如图2-31所示。

图 2-30　设置权限

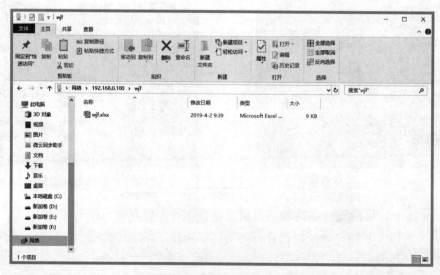

图 2-31　访问文件夹（一）

或者输入第二台计算机的IP，如\\192.168.0.100，如图2-32所示。

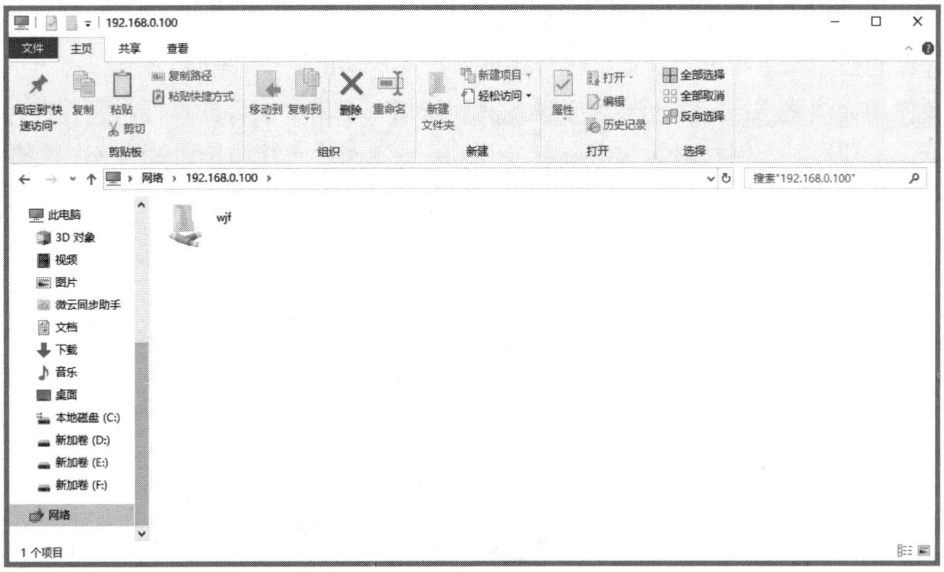

图2-32　访问文件夹（二）

创新作业

①连接在同一网段上的计算机，如果有两台或两台以上的计算机使用相同的IP地址，会出现什么情况？

②如果在一个网络中，某台计算机ping另外一台主机不通，而ping其他主机均能通，则故障的可能原因有哪些？

③上机练习时，试着将周围两、三台计算机的IP地址更改一下，看有什么情况发生。

项目二　接入 Internet

项目描述

程程接下来的工作任务，要涉及大量的数据搜索、数据整理、文件传递等工作，必须将计算机接入Internet后，才能完成相关工作。

项目分析

此项目可分3个步骤：

①获取访问网络账号。

②将电脑连接至无线路由器。

③配置无线路由。

📢 项目实现

本项目的相关知识点及实现方法请扫描二维码，打开相关视频进行学习。

程程的公司除了笔记本计算机、台式机外，还有手机、iPAD等设备都需要上网，所以需要使用无线路由器，从而实现多设备共同使用一个带宽实现共享上网。程程在网络服务商那里获得了上网权限即账户名和密码之后，将入户网线接入到无线路由器的WAN口，如图2-33所示。

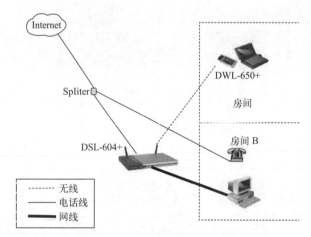

图 2-33　无线路由接入 Internet

按照如下步骤设置无线路由器（以TP-LINK为例）：

①先把电源接通，然后插上网线，进线插在WAN口（一般是蓝色口），然后将网线接入LAN口。连接好后在浏览器中输入在路由器看到的地址，一般是192.168.1.1，如图2-34所示。

图 2-34　利用浏览器访问路由器

②输入相应的账号和密码，一般新买来的都是admin，如图2-35所示。

③进入操作界面，在左边会看到一个设置向导，单击进入，如图2-36所示。

图 2-35 输入账号密码

图 2-36 设置向导

④进入设置向导界面，单击"下一步"按钮，进入上网方式设置，可以看到有3种上网方式可供选择，如果是ADSL拨号就用PPPoE。动态IP和静态IP两种方式，在局域网上网时需要选用。一般家庭用户选择PPPoE方式，如图2-37所示。

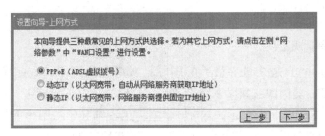

图 2-37 上网方式选择

⑤选择PPPoE拨号上网，填写网络服务商提供的ADSL上网账号及口令，如图2-38所示。

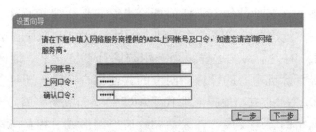

图 2-38 上网账号和口令输入

⑥进入无线设置，可以看到信道、模式、无线安全选项、SSID等。SSID就是所建网络的名称，可以根据自己的喜好进行设置，模式大多用11bgn.无线安全选项，这里选择WPA-PSK/WPAZ-PSK，输入上网密码，一般为（8~63个ASCII字符或8~64个十六进制字符），如图2-39所示。

⑦设置成功后，路由器会自动重启，如图2-40所示。

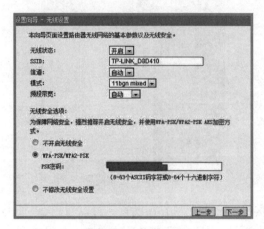

图 2-39　无线设置

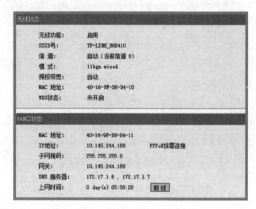

图 2-40　无线路由设置状态

相关知识与技能

一、因特网基础知识

因特网（Internet）是全世界最大的国际计算机互联网络，它起源于美国国防部的ARPANet。1986年，美国国家科学基金会（NSF）建立了以五大超级计算机为中心的国家科学基金网（NSFNET）。为了使全国的科学家、工程师和学校师生能够共享这些以前仅为少数人使用的超级计算环境，NSF决定建立基于IP协议的计算机网络。它通过56 kbit/s的电话线将各大超级计算机中心连接起来。但是，如果将各大学也通过电话线直接与超级计算机中心连接，则费用就太高（因当时电话线是按每千米收费的）。所以，NFS决定建立地区网，学校可就近连到地区网上，每个地区网连到一个超级计算中心，超级中心再彼此互连起来。在这种结构上，任何计算机之间最终都能通过它的相邻结点的转发会话而互相通信。连接各地区网上主要结点的计算机的高速通信专线构成了NFSNet（国家科学基础网）的主干网。这样，当一用户的计算机与某一地区网相连后，他就可以使用任一超级计算机中心的设施同网上的其他用户通信，还可以获取通过网络提供的大量信息。NSFNet的成功使得它取代了ARPANet而成为美国乃至世界因特网的基础。随着计算机网络的普遍发展，各大学和政府部门形成了相互协作的区域性计算机网络，并分别连到因特网上，这些协作的网络成为本地小型研究机构与因特网连接的纽带。

在美国发展自己的区域性和全国性计算机网络的同时，其他国家也在发展自己的网络，20世纪80年代就出现了各国计算机网的互连，每年都有越来越多的国家加入到因特网以共享它的资源，因特网已成为全球性的计算机互联网络。

二、中国互联网络的发展

随着全球信息高速公路的建设，中国政府也开始推进中国信息基础设施（China Information Infrastructure，CII）的建设。

第一阶段是与因特网电子邮件的连通（1987—1993年）。1987年9月，在北京计算机应用技术研究所内正式建成我国第一个Internet电子邮件结点，通过拨号X.25线路，连通了因特网的电子邮件系统，并于9月20日22点55分向世界发出了第一封采自北京的电子邮件——"越过长城，通向世界"，标志着我国开始进入因特网。CANet成为我国第一个因特网国际电子邮件出入口后，数十个教育科研机构加入了CANet，并于1990年10月，正式向因特网网管中心（InterNIC）登记注册了我国的最高域名CN。继CANet之后，国内其他一些大学和研究所也相继开通了因特网电子邮件连接。

第二阶段是与因特网实现全功能的TCP/IP连接。1989年，原中国国家计划委员会和世界银行开始支持一个称为"中国国家计算与网络设施"（The National Computing and Networking Facility of China，NCFC）的项目，该项目由中国科学院主持，联合北京大学、清华大学共同实施。

NCFC网络分为两层：低层为中科院院网（CASnet）、清华大学校园网（Tunet）、北京大学校园网（Punet）；高层为连接国内其他科研教育单位院校网及连接因特网的NCFC主干网。工程建设于1990年开始，1993年底3个院校网络分别建成，1994年3月正式开通了与因特网的专线连接（64 kbit/s），并于1994年5月21日完成了我国最高域名CN的主服务器设置，实现了和因特网的TCP/IP连接，从而可向NCFC的各成员组织提供因特网的全功能服务，标志着我国正式加入因特网。

随后，中国的网络建设进入了大规模发展阶段，到1996年初，中国的互联网络已形成了中国科技网（CSTnet）、中国公用计算机互联网（CHINANet）、中国教育和科研计算机网（CERNet）和中国金桥信息网（CHINAGBN）四大主流网络体系。据《中国互联网络发展状况统计报告》统计显示，截至2018年12月，我国网民规模达8.29亿，全年新增网民5 653万，互联网普及率为59.6%，较2017年底提升3.8个百分点。

三、因特网的组成

因特网是通过分层结构实现的，从上到下分为物理网、协议、应用软件和信息四层。物理网是实现因特网通信的基础，其作用类似于现实生活中的交通网络，像一个巨大的蜘蛛网覆盖着全球，而且不断在延伸和加密。

1. 协议

因特网上使用的是TCP/IP协议。TCP/IP协议是一个拥有100多个协议的协议集，其中最重要的是TCP（传输控制协议）和IP（网际协议），IP负责将信息发送到指定的接收机，TCP负责管理被传送信息的完整性。除此之外，还有SMTP（电子邮件协议）、FTP（文件传输协议）、Telent（远程登录协议）等协议。

2. 应用软件

实际应用中，用户是通过一个个具体的应用软件与因特网打交道的。每一个应用软件的使用代表着用户要获取因特网提供的某种网络服务。例如，通过WWW浏览器可以访问因特网上的Web服务器，浏览图文并茂的网页信息。

3. 信息

没有信息，网络就没有任何价值。信息在网络世界中好比货物在交通网络中一样，修建公路（物理网）、制定交通规则（协议）和使用各式各样的交通工具（应用软件）的目的是为了运送货物（信息）。

四、IP地址与域名

因特网中每一台计算机的地址就像我们身边的门牌号码，用来标识网络中计算机的"住址"，而因特网域名则像我们的通信地址，用来说明该"住址"的"住户姓名"。

1. 因特网地址（IP地址）

因特网中的每台计算机都被分配一个唯一的地址，即IP地址。IP地址由4个字节（32位二进制）组成，每个字节用"."隔开，如11000000.01011100.01000100.00001100。为了书写和记忆方便，每个字节用十进制表示，如192.92.68.12。其中，每个字节的取值范围是0~255。因此，IP地址的取值范围为0.0.0.0~255.255.255.255。

一个IP地址可以分为网络地址和主机地址，所以IP地址不但可以用来识别某一台主机，而且还隐含着网际间的路径信息。

2. IP地址的分类

根据IP地址中第一个字节的范围，可将IP地址划分为A、B、C、D、E五类。其中A、B、C三类由InterNIC（Internet网络信息信心）在全球范围内统一分配，D、E类为特殊地址，D类地址为组播地址，E类地址为保留地址。A类地址的第一个字节范围是1~127，用二进制表示为0×××××××；B类地址的第一个字节范围是128~191，用二进制表示为10××××××。

C类地址的第一个字节范围是192~223，用二进制表示为110×××××。

IP地址具体分类方式如下：

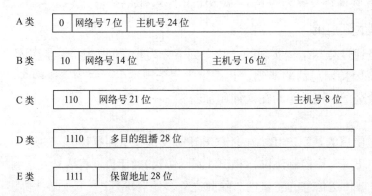

A类地址编址范围：1.0.0.1~127.255.255.254。

B类地址编址范围：128.0.0.1~191.255.255.254。

C类地址编址范围：192.0.0.1~223.255.255.254。

　　所有因特网的地址都由因特网的网络信息中心统一分配，但网络信息中心只分配因特网地址的网络号，而地址中的主机号则由申请单位自己负责规划。

　　按照IP地址的结构和其分配原则，可以在Internet上很方便地寻址：先按IP地址中的网络地址找到相应的网络，然后在这个网络上利用主机ID找到相应的主机。由此可看出IP地址并不只是一台计算机的代号，而是指出了某个网络上的某台计算机。

　　3. 域名系统（DNS）

　　因特网域名系统的设立，使得人们能够采用具有实际意义的字符串来表示既不形象、又难记忆的数字地址，例如使用email.tsinghua.edu.cn字符串代表具体IP地址166.111.8.51。

　　域名系统采用层次结构，按地理域或机构域进行分层。字符串的书写采用圆点将各个层次域隔开，分成层次字段。从右到左依次为顶级域名、第二层域名等，最左的一个字段为主机名。例如，email.tsinghua.edu.cn表示清华大学的一台电子邮件服务器，email为服务器名，tsinghua为清华大学域名，edu为教育科研部门域名，顶级域名cn为中国国家域名。

　　顶级域名分为两大类：机构性域名和地理性域名。

　　目前主要的机构性域名：com（营利性的商业实体）、edu（教育机构或设施）、gov（非军事性政府或组织）、int（国际性机构）、mil（军事机构或设施）、net（网络资源或组织）、org（非营利性组织机构）、firm（商业或公司）、store（商场）、web（WWW有关的实体）、arts（文化娱乐）、arc（消遣性娱乐）、infu（信息服务）。地理域名指明了该域名源自的国家或地区，几乎都是两个字母的国家或地区代码。例如，cn代表中国，jp代表日本，de代表德国，等等。对于美国以外的主机，其顶级域名基本上都是按地理域命名的。

　　那么，这些域名是怎样解释的呢？在因特网中，每个域都有各自的域名服务器，由它们负责注册该域内的所有主机，即建立本域中的主机名与IP地址的对照表。当该服务器收到域名请求时，将域名解释为对应的IP地址，对于本域内未知的域名则回复没有找到相应域名项信息；而对于不属于本域的域名则转发给上级域名服务器去查找对应的IP地址。正是因为域名服务器的存在，才使得人们又多了一种访问一台主机的途径——域名方式。

　　在因特网中，域名和IP地址的关系并非一一对应，注册了域名的主机一定有IP地址，但不一定每个IP地址都在域名服务器中注册域名。

　　五、接入 Internet 的方法

　　要使用Internet上提供的各种服务，用户必须以某种方式接入网络。当前，访问Internet的方式主要有两种：一种是拨号上网；另一种是通过局域网接入Internet。这里的拨号上网包括普通电话拨号、ISDN拨号、ADSL虚拟拨号等。现在许多单位或部门访问Internet的方式主要是通过局域网接入Internet，即通过局域网来访问Internet。一般情况下，利用局域网访问Internet的速率比拨号上网要快。

　　1. 普通拨号上网

　　普通拨号上网，现在已基本被淘汰，下面简要介绍一下。

　　在拨号上网的环境下一般用的是调制解调器（Modem），其作用相当于局域网中的网卡。调制解调器可以让两台计算机使用公共交换电话网相互通信。传统的公共交换网只能传输语音信号，因此调制解调器需要把计算机的数字信息转换成能通过电话线传输的一系列高频语音信号。当语音信号到达目的地时再被解调，也就是再转变为可以被计算机接收的数字信息。

用户通过拨号上网需要拨通ISP（Internet Service Provider，因特网服务提供商）指定的某个电话号码。其主要职责是为用户提供Internet接入服务。

ISDN（综合业务数字网）拨号上网的方式，与普通拨号上网的设置方法基本相同。

2．通过 ADSL 上网

与ISDN相比，ADSL在速率上和价格上都有明显的优势。它是现在主要采用的宽带上网方式。

当前，在线收看电影、VOD视频点播、视频会议等高带宽需求的多媒体信息逐渐成为Internet上的主流。为了实现用户接入网的数字化、宽带化，提高用户上网速率，ADSL是当前实现这一目标最可行、最有前景的一种方案。

ADSL传输速率快，但其上下行速率不相等，所以称其为非对称数字用户线路。所谓上行速率是指从用户计算机向Interent上传数据的速率；下行速率是指从Internet下载数据的速率。这样的设计是合理的，因为一般情况下用户上网时，从网上下载的数据要多于上传的数据。

通过ADSL接入有两种类型：一种是专线入网方式，用户拥有固定的静态IP地址，24小时在线；另一种是虚拟拨号入网方式，并非是真正的电话拨号，而是用户输入账号和密码，通过身份验证，获得一个动态的IP地址，可以掌握上网的主动性。一般情况下，中小企业可采用ADSL专线接入的方式，其可以保证服务质量，而家庭用户比较适合ADSL虚拟拨号入网方式。所谓虚拟拨号是指用ADSL接入Internet时需要输入用户名与密码，但ADSL连接的并不是具体的接入号码，而是负责ADSL接入的服务器的IP地址。拨号后直接由验证服务器进行检验，用户需输入用户名与密码，检验通过后就建立起一条高速的用户数字链路，并分配相应的动态IP地址。

3．局域网接入

局域网接入是指用户的计算机通过局域网接入互联网。局域网的规划设计工作应用由专门的网络设计人员负责完成，IP地址及子网掩码、网关的分配等网络运行管理工作由网络管理员完成。

4．DDN 专线

DDN是利用数字信道传输数据信号的数据传输网。其主要作用是向用户提供永久性和半永久性连接的数字数据传输信道，既可用于计算机之间的通信，也可用于传送数字化传真、数字语音、数字图像信号和其他数字化信号，适合对带宽要求比较高的用户。采用光纤专线接入速率可在2~155 Mbit/s范围内灵活选择。这种线路优点很多，如速率比较高、有固定的IP地址、可靠的线路运行、永久的连接等。但是，由于线路被企业独占，所以费用高，性价比低，因此中小型企业选择较少。除非用户资金充足，否则不推荐使用这种方法。

5．卫星接入

卫星直播网络是美国休斯公司1996年推出的新一代高速宽带多媒体接入技术。目前卫星链路主要应用在互联网骨干网和接入网等方面。卫星接入的优点是：覆盖面广、传输速率高、具有极佳的广播性能、传播不受地理条件的限制、组网灵活、网络建设速度快。缺点主要有：费用较高，信号传输延时较长。

卫星接入充分利用了互联网不对称传输的特点，上行信号通过任何一个TCP/IP网络上传，下行信号通过卫星宽带广播下传，互联网用户只需加装一套0.75~0.9 m的小型卫星天线即可享用400 kbit/s的接入速率，并可以3Mbit/s单向广播速率高速下载多媒体信息。

卫星接入主要用于处在偏远地方又需要较高带宽的用户，以及民航售票、海洋预报、地震监测、金融咨询、期货证券、语音通信和高速数据全国联网等业务。卫星用户一般需要安装一个小口径终端（VSAT），包括天线和其他接收设备。

6. 光纤接入

光纤用户网是指网络服务提供商与用户之间完全以光纤作为传输介质的接入网。光纤用户网具有带宽大、传输速度快、传输距离远、抗干扰能力强等特点，适合多种综合数据业务的传输，是未来宽带网络的发展方向。它采用的主要技术是光纤传输技术，目前常用的光纤传输的复用技术有时分复用（TDM）、波分复用（WDM）、频分复用（FDM）、码分复用（CDM）等。在一些城市开始兴建高速城域网，主干网速可达每秒几十吉比特，并且推广宽带接入。光纤可以铺设到用户附近的路边或者所在的大楼，可以100 Mbit/s以上的速率接入，适合大型企业。

7. HFC 接入

HFC（Hybrid Fiber－Coaxial）即混合光纤同轴电缆网，是利用现有的以HFC为介质的有线电视网CATV来实现互联网的高速接入，其上行速率可达10 Mbit/s，下行速率可达30 Mbit/s。其优点是接入速率高、有现成的网络、既可上网又可看电视，传输速率基本不受距离限制。缺点是有线电视网的通道通常都是共享的，这意味着每个用户的带宽随着用户的增多将变得越来越少；用户端的噪声会在前端叠加，形成所谓噪声干扰的"漏斗效应"；另外，传统的有线电视属于广播型业务，在进行交互式数据通信时要注意安全性和可靠性；同时需要改造现有的有线电视网络。

8. 无线接入

无线接入技术就是利用无线技术作为传输介质向用户提供宽带接入服务。由于铺设光纤的费用很高，对于需要宽带接入的用户，一些城市提供了无线接入。用户通过高频天线和ISP连接，距离在10 km左右，带宽为2~11 Mbit/s，费用低廉，但是受地形和距离的限制，适合城市内距离互联网用户提供商较近的用户，其性价比很高。

技巧与提高

本项目的相关知识点及实现方法请扫描二维码，打开相关视频进行学习。

配置简单Web服务器：

①打开控制面板，选择"程序"和功能选项，打开或关闭Windows功能，勾选"Internet信息服务"下的所有子目录（FTP、服务器、Web管理工具、"万维网服务"目录

微课 ●············

配置简单 Web
服务器

●············

下的所有选项），如图2-41所示。

②打开浏览器，网址输入localhost后按【Enter】键，验证一下IIS是否正常运行，如图2-42所示。

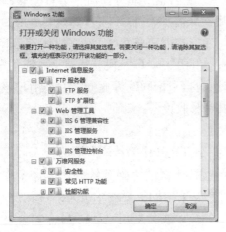

图 2-41　Internet 信息服务设置

图 2-42　本地网页访问链接

③设置防火墙，让局域网中其他计算机也能访问本地网站资源。打开控制面板，选择"系统和安全"，单击"允许程序通过Windows防火墙"，如图2-43所示。

图 2-43　单击"允许程序通过 Windows 防火墙"

④在打开的对话框中勾选"万维网服务（HTTP）"右侧的两个复选框，最后单击"确定"按钮，如图2-44所示。

⑤在局域网的其他计算机上，打开浏览器，输入"http://Web服务器的IP地址/"按【Enter】键，就可以访问Web服务器上的资源。

图2-44　允许万维网服务（HTTP）

创新作业

①目前国内用户接入Internet的方式主要有哪几种？

②小区共享上网是如何实现的？

项目三　数据收集与整理——Internet 应用

项目描述

　　程程接到新的任务，要完成一紫陌庄园商业楼盘的销售策划和推广工作。部门经理安排她负责办公文档的编辑、排版以及数据资料的整理等。经理告诉她，要完成新产品推广计划书、新产品发布公文、新产品宣传手册、发布晚会邀请函的制作。程程作为刚入行的新手，压力很大，第一步必须上网搜索关于这些文档写作的知识。

项目分析

　　通过搜索引擎工具，搜索相关的信息；用Word文字处理软件编辑搜索到的信息；通过E-mail和QQ将文件发送给同事和领导。

项目实现

一、浏览器应用

本节以IE 10.0为例介绍浏览器的基本使用方法。图2-45所示为IE 10.0的应用界面。

图 2-45　IE 10.0 的使用界面

1. 基本浏览操作

（1）输入网址（URL）浏览具体的页面信息

在工具栏下面有一个"地址"栏，通过"地址"栏输入想要浏览的页面地址，如 http://www.ifeng.com（凤凰网），按下【Enter】键，服务器便向你所在的计算机发回所请求的页面文件。

（2）中断当前的浏览操作

单击标题栏中的"关闭"按钮，可以终止当前正在进行的操作，停止和 WWW 服务器的连接。

（3）刷新当前页面信息

有时在页面文件传送过程中，可能会在网络的某个环节发生错误，甚至可能是自己的误操作，导致该页面显示不正确或在下载途中中断。此时，可以单击工具栏中的"刷新"按钮，再次向该页面的服务器发出请求，重新取得并显示当前页面的内容。

（4）在已经浏览过的网址之间跳转

在浏览中，随时可以在已经浏览过的网址之间进行跳转。最常用的方法是单击工具栏中的"后退"按钮和"前进"按钮。单击工具栏中的"后退"按钮，可以退到上一个网址指向的页面；如果单击"后退"按钮右侧的下拉按钮，会弹出一个下拉列表，其中罗列出所有以前访问的网址，从中选择一个即可直接回退到该网址。如果前面通过"后退"按钮回退到某一网址，则"前进"按钮就可以使用。单击"前进"按钮可以再次前进到该网址；同样，单击"前进"按钮右侧的下拉按钮，会弹出一个下拉列表，其中罗列出所有以后的网址，从中选择一个，可直接转到该网址。

（5）开启多个浏览窗口

为了提高上网效率，一般会多开几个窗口，同时浏览不同网址。此时，可随时通过切换浏览窗口观看其他页面。

选择"文件"→"新建"→"窗口"命令，打开一个新的浏览窗口，在"地址"栏中输入新的网址，即可利用多个窗口浏览不同页面信息。

注意：不要打开太多的窗口，否则可能会因系统资源耗费太大而适得其反，不再需要的窗口要及时关闭。

（6）查找当前页面中的文字信息

当页面文字信息较多时，可以使用浏览器提供的查找功能，快速查找该页面中的某个关键字。选择"编辑"→"查找（在当前页）"命令，在打开的"查找"对话框中输入关键字，然后按【Enter】键即可。

2．保存页面信息

（1）保存当前页面信息

选择"文件"→"另存为"命令，在打开的"保存网页"对话框中（见图2-46），选择准备用于保存页面文件的文件夹。在"文件名"文本框中输入该页面的文件名，单击"保存类型"下拉按钮，从中选择该文件的保存类型，然后单击"保存"按钮，将当前页面信息按指定类型和位置保存在本地计算机中。

图2-46　"保存网页"对话框

在"保存类型"下拉列表中有4个选项：

①"网页，全部"：保存页面的HTML文件和页面中的图像文件、背景文件以及其他嵌入页面的内容，其他文件会被保存在一个和HTML文件同名的子文件夹中。

②"网页，仅HTML"：只保存页面的文字内容，存为一个扩展名为html的文件。

③"文本文件"：将页面中的文字内容保存为一个文本文件。

④"Web档案，单个文件"：以单一文件保存网页内容。

（2）保存页面中的图像或动画

保存图像或动画的方法：右击页面中的图像或动画，在弹出的快捷菜单中选择"图片另存为"命令，在打开的"保存图片"对话框中指定保存的位置和文件名，单击"保存"按钮即可。

保存背景图像的方法：右击页面中没有插图也没有超链接的任意区域，在弹出的快捷菜单中选择"背景另存为"命令，在打开的"保存图片"对话框中指定保存的位置和文件名，单击"保存"按钮即可。

3. 高级使用技巧

（1）加快页面显示速度

通常，图像、声音和动画等多媒体文件的数据量要比HTML文件大很多。如果只需要浏览其中的文字信息，可以通过以下方法取消下载页面中的多媒体文件，加快显示页面的速度。选择"工具"→"Internet选项"命令，打开"Internet选项"对话框，然后进入"高级"选项卡；在选项卡中的"多媒体"区域内，取消"显示图片"、"在网页中播放动画"和"在网页中播放声音"等全部或部分复选框，如图2-47所示。单击"确定"按钮，完成设置操作。这样，在下载和显示主页时，将只显示文字内容，从而加快了页面的显示速度。

（2）设置起始页面地址

对于几乎每次上网都要浏览的页面，可以直接将其设置为启动浏览器后自动连接的网址。选择"工具"→"Internet选项"命令，打开"Internet选项"对话框，进入"常规"选项卡。在"主页"设置区的"地址"栏中输入一个网址，IE就会在每次启动后自动浏览该页面，如图2-48所示。

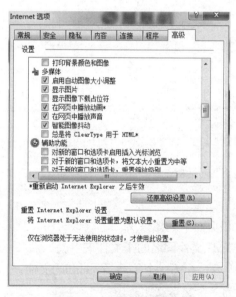

图 2-47 "高级"选项卡

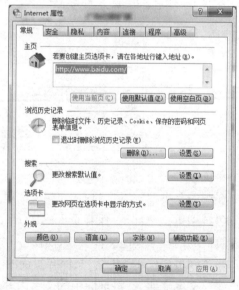

图 2-48 "常规"选项卡

（3）将网址添加到收藏夹

利用收藏夹功能，可以把经常浏览的网址存储下来。通过选择"收藏"→"添加到收藏夹"命令，可将当前浏览的页面网址加入到收藏夹。

（4）管理收藏夹

收藏夹中的网址组织方式与Windows 7的文件组织方式是一致的，都采用树状结构。默认状态下，新添加的网址都放在收藏夹的根目录下，随着时间的推移，太多的内容将会使收藏夹比较混乱，而不利于快速访问。所以，应定期整理收藏夹中的内容，保持一个较好的树状结构。收藏夹的管理功能表现为以下三方面：

①将各类网址分类存放在不同的文件夹中。例如，可以按内容分类，分别放置在类似"新闻""体育"等文件夹下。

②修改网址的默认标题名称，采用比较有特征的名字，便于以后辨认。

③删除没有保留价值的网址。

选择"收藏"→"整理收藏夹"命令，打开"整理收藏夹"对话框，如图2-49所示。通过其中的"创建文件夹"、"移动"、"重命名"和"删除"按钮完成相应的整理操作。

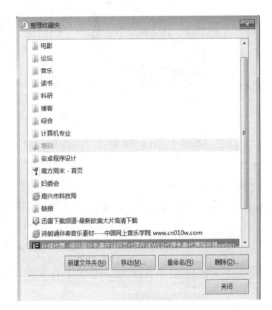

图2-49　"整理收藏夹"对话框

（5）导入和导出收藏夹

用户可能经常会利用多台计算机上网浏览，这时可以通过收藏夹的导入和导出功能，在这些计算机上共享收藏夹的内容。具体实现方法如下：选择"文件"→"导入与导出"命令，打开"导入与导出"对话框，单击"导出"按钮，将个人计算机中的收藏夹内容保存为一个HTML文件，然后将此文件复制到另一台计算机中。同样，可打开"整理收藏夹"对话框，单击"导入"按钮，将复制过来的收藏夹文件导入到这台计算机的IE浏览器中。

（6）利用历史记录脱机浏览

浏览器提供的"历史记录"功能，使得用户能够脱机浏览访问过的页面内容。这些页面信息被保存在"历史记录"文件夹或Temporary Internet Files文件夹中。

单击浏览器工具栏中的"查看收藏夹、源和历史记录"按钮，浏览器窗口中将出现收藏夹、源和历史记录窗口，选择历史记录选项卡（见图2-50），就可以访问历史记录中访问过的网址。

选择"工具"→"Internet选项"命令，打开"Internet选项"对话框，进入"常规"选项卡，其中"历史记录"区用于管理历史记录信息。在此，设置保存历史记录的天数，或单击"清除历史记录"按钮，清除历史记录信息。

除了能够浏览历史记录信息外，还可以充分发挥IE浏览器的"脱机浏览"功能。当计算机连入因特网时，通过频道和预订功能可以获得最新内容并下载到本地机上，一旦计算机断开网络后，可以选择"文件"→"脱机浏览"命令，将浏览器设置为"脱机浏览"工作状态，这样，即使计算机没有连入网络，仍可以浏览所预订的内容。

图 2-50　利用历史记录脱机浏览

（7）显示不同汉字编码的页面

在浏览网上信息时，经常会看到一些无法理解的字符，即页面中出现"乱码"。造成这类现象的原因多是由于汉字编码的差异引起的。

例如，简体中文版的Windows 7使用的是国标码，所以在浏览Big5码页面信息时，会出现乱码。

解决此类乱码问题的方法是，选择"查看"→"编码"→"简体中文"命令浏览国标码页面；而使用"其他"子菜单中的"繁体中文"命令，可显示Big5码页面信息。

二、信息的查询

通过前面的学习可知，如果已获得某个页面网址，就可以直接将该网址输入到地址栏中，即可浏览该页面信息。但大多数情况却不知道所需信息的网址，这时，最快捷的方法是使用"搜索引擎"进行检索。

搜索引擎（Search Engine）是随着Web信息的迅速增加而逐渐发展起来的技术。它是一种浏览和检索数据集的工具。"搜索引擎"是因特网上的站点，它们有自己的数据库，保存了因特网上很多网页的检索信息，并且还在不断更新。当用户查找某个关键字时，所有在页面中包含了该关键字的网页都将作为搜索结果显示出来，在经过复杂的算法进行排序后，这些结果将按照与搜索关键字的相关度高低依次排列，呈现在结果网页中。结果网页是罗列了一些相关网页地址超链接网页，这些网页可能包含用户要查找的内容，从而起到信息导航的目的。搜索引擎搜索的实际上是预先整理好的网页索引数据库。

因特网上的搜索引擎大致可以分成以下三类：

①一般搜索引擎利用网络蜘蛛对因特网资源进行检索，通常无须人工干预。所谓网络蜘蛛是一个程序，通过自动读取一篇文档遍历其中的超链接结构，从而递归获得被引用的所有文档。不同的搜索引擎搜索的内容不尽相同，有的着重站点搜索，而有的搜索范围甚至包括Gropher、新闻组、E-mail等。一般搜索引擎的性能主要取决于索引数据库的容量、存放内容、更新速度、搜索速度、用户界面的友好程度以及是否易用等。

②元搜索引擎接受一个搜索请求，然后将该请求转交给其他若干个搜索引擎同时处理。最后，对多个引擎的搜索结果进行整合处理后返回给查询者。整合处理包括消除重复、对来自多个引擎的结果进行排序等。

③专用引擎如人物搜索、旅行路线搜索、产品搜索等，这些搜索都依赖于具体的数据库。

搜索引擎的其他分类方法还有：按照自动化程度分为人工引擎与自动引擎；按照是否有智能分为智能引擎与非智能引擎；按照搜索内容分为文本搜索引擎、语音搜索引擎、图形搜索引擎、视频搜索引擎等。

Google、雅虎和微软的MSN在美国众多搜索引擎网站中呈现三足鼎立之势。在三大门户网站中，美国人最喜欢到微软的MSN上线购物，而MSN提供的小广告、经济、金融以及旅游信息也吸引了大量访问者。相比之下，Google和雅虎更擅长提供教育、信息、媒体以及分类等领域的资讯。

中文常用的搜索引擎有百度、搜搜、新浪等。百度一直以开发最符合中国人使用习惯的搜索引擎为己任，经过多年的努力，已成为世界上最强大的中文搜索引擎，用户通过百度搜索引擎可以搜索到世界上最新、最全面的中文信息。

信息查找方法一般有两类：按关键字查找和按内容分类逐级检索。下面以搜索引擎百度为例说明信息的查找过程。

1. 使用关键字检索

在检索的关键字中，可以使用这样一些描述符号检索进行限制：

①""（双引号）用来查询完全匹配关键字串的网站，例如"网络电话"。

②+（加号）用来限定该关键字必须出现在检索结果中。

③-（减号）用来限定该关键字不能出现在检索结果中。

在浏览器的"地址"栏中输入www.baidu.com，然后按下【Enter】键，就会显示如图2-51所示的百度中文主页。在搜寻框中输入所要查找内容的关键字描述，如"物联网"，选择检索范围后单击"百度一下"按钮，即可检索到所需的信息。

图2-51　百度搜索引擎主页

2. 检索图片

在检索时可以选择菜单栏中"更多产品"中的"图片"选项，输入搜索的关键词，就可以搜索到相应的图片，如图2-52所示。

图 2-52　百度搜索图片

3. 百度知道

百度知道的口号是"总有一个人知道你问题的答案"。百度的问题分类非常明确，当然，普通用户的问题可以直接在搜索框中输入，单击"搜索答案"按钮，就可以搜索相关问题的答案，如图2-53所示。

图 2-53　百度知道界面

4. 百度新闻

单击界面的"新闻"超链接，可以进行新闻搜索。百度的新闻页面首页，会显示国内、国际、军事、财经等最新新闻。

5. 百度其他应用

另外，百度搜索还提供贴吧、学术、音乐、视频等服务，此处不再赘述。

三、发送电子邮件

程程常用的电子邮箱是QQ自带的电子邮箱，她现在需要把搜集整理的信息发给办公室的同事。同时，为了能够在家里也可以看到这些资料，她要利用QQ邮箱的文件中转站功能，将资料放在QQ服务器中。

1. 登录 QQ 邮箱

在IE浏览器地址栏中输入mail.qq.com，输入QQ号码和密码，即可登录QQ邮箱；也可以在QQ登录之后，单击邮箱按钮，进入QQ邮箱，如图2-54所示。

2. 发送电子邮件

单击左上角的"写信"选项，出现写信界面，如图2-55所示。在"收件人"文本框中输入收件人的邮箱地址，在"主题"中输入本次邮件的主题"资料"，单击"添加附件"选项将所搜索的资料作为附件，在"正文"文本框输入相关内容，编辑完之后单击"发送"按钮，即可发送电子邮件。

3. 中转文件

单击"文件中转站"功能，可以把资料放在腾讯提供的空间进行中转。QQ邮箱允许用户将低于2 GB的文件放在服务器中保存30天，如图2-56所示。可以单击"上传到中转站"按钮，选择需要上传的文件，也可以单击"下载"按钮，下载以前放在文件中转站中的文件。

图 2-54　QQ 邮箱登录界面

图 2-55　QQ 邮箱写信界面

图 2-56　QQ 邮箱文件中转站界面

相关知识与技能

　　万维网（World Wide Web，WWW）应用是由欧洲粒子物理研究所（CERN）的Timonthy Berners-Lee发明，它使得因特网上信息的浏览变得更加容易。1993年，美国伊利诺州伊利诺大学的NCSA组织发表的Mosaic浏览器，只需通过单击链接，就可以浏览一个图文并茂的网页（Web Page），并且每一个网页之间都有链接，通过单击链接，用户就可以切换到该链接指向的网页。在Mosaic浏览器推出的第一年里，WWW服务器的数量从100个增长到7 000个。

　　①WWW服务器：万维网信息服务是采用客户机/服务器模式进行的，这是因特网上

很多网络服务所采用的工作模式。在进行Web网页浏览时，作为客户机的本地机首先与远程的一台WWW服务器建立连接，并向该服务器发出申请，请求发送过来一个网页文件。

WWW服务器负责存放和管理大量的网页文件信息，并负责监听和查看是否有从客户传过来的连接。一旦建立连接，当客户机发出一个请求，服务器就发回一个应答，然后断开连接。

②首页（Homepage）与页面（Page）：万维网中的文件信息被称作页面。每一个WWW服务器上存放着大量的页面文件信息，其中默认的每个网站的第一页称为首页或主页。

③浏览器（Browser）：用户通过一个称作浏览器的程序来阅读页面文件，其中火狐、谷歌、Internet Explorer都是较流行的浏览器。浏览器取来所需的页面，并解释它所包含的格式化命令，然后以适当的格式显示在屏幕上。

④超链接（Hyperlink）：包含在每一个页面中能够连到万维网上其他页面的链接信息。用户可以单击这个链接，跳转到它所指向的页面上。通过这种方法可以浏览相互链接的页面。

⑤HTML（Hyper Text Markup Language，超文本标记语言）：用来描述如何将文本格式化。通过将标准化的标记命令定在HTML文件中，使得任何万维网浏览器都能够阅读和重新格式化任何万维网页面。

⑥HTTP（Hyper Text Transmission Protocol，超文本传输协议）：标准的万维网传输协议，是用于定义合法请求与应答的协议。

⑦URL（Uniform Resource Locator，统一资源定位器）：由协议（http）、WWW服务器的DNS名（如www.tsinghua.edu.cn）和页面文件名（如首页index.html）三部分组成，由特定的标点分隔各个部分。

当人们通过URL发出请求时，浏览器在域名服务器的帮助下，获取该远程服务器主机的IP地址，然后建立一条到该主机的连接。在此次连接上，远程服务器使用指定的协议发送网页文件，最后，指定页面信息出现在本地机浏览器窗口中。

这种URL机制不仅在包含HTTP协议的意义上是开放式的，实际上还定义了用于其他各种不同的常见的协议的URL，并且许多浏览器都能理解这些URL。例如：

①超文本URL：http://www.cernet.edu.cn。

②文件传输（FTP）URL：ftp://ftp.pku.edu.cn。

③本地文件URL：/user/liming/homework/gcy.doc。

④新闻组（news）URL：news:comp.os.minox。

⑤Gopher URL：gopher://gopher.tc.umn.edu/11/Libraries。

⑥发送电子邮件URL：mailto:xueqin_jx@163.com。

⑦远程登录（Telnet）URL：telnet://bbs.tsinghua.edu.cn

技巧与提高

一、下载资源

经过搜索，找到需要的信息后，接下来就要获取（下载）这些信息。所谓"下载"就是从Internet各个远程服务器中将需要的文字、图片、音频、视频文件或其他资料，通过网络远程传输的方式保存到用户的本地计算机中。本节将介绍对文本、图片、音频、视频、软件等不同类型的网络资源的获取方式，以及不同的下载方式。

1. 文本信息的保存

①直接复制、粘贴。遇到需要的文本信息，可以直接将其选中、复制，再粘贴到文字编辑软件（例如Word）中。对文本的复制、粘贴过程与Word中的操作相同，不再重复。

②如果页面不允许复制，可把当前有需要文本信息的网页保存成文本文件。步骤同前面介绍的"网页保存"，不同之处在于保存类型为文本格式。改变保存类型的步骤如下：

单击"保存类型"下拉按钮，选择"文本文件"格式，单击"保存"按钮，存成文本文件即可，如图2-57所示。

图2-57 "保存网页"对话框

2. 图片的保存

遇到喜欢的图片，可在图片上右击，在弹出的快捷菜单中选择"图片另存为"命令，即可将喜欢的图片保存到本地。

3. 音频的下载

①以MP3音乐为例，首先找到音乐下载地址，比如打开www.baidu.com网页，单击"音乐"选项，在搜索栏中输入"致青春"，在出现的页面中单击歌曲名，出现音乐的链接地址，如图2-58所示。

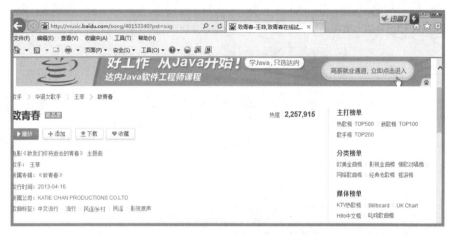

图2-58 音乐下载

②单击"下载"按钮，打开如图2-59所示窗口。选择保存路径，单击"保存"按钮，音乐文件开始下载至完毕。

图2-59 保存音乐

4. 视频的下载

①以优酷网为例，先把要保存的视频缓冲完毕，选择"工具"→"Internet选项"命令，打开"Internet选项"窗口，如图2-60所示。

②单击"设置"按钮，在打开的"设置"对话框中，如所示，单击"查看文件"按钮，打开临时文件夹窗口，如图2-61所示。临时文件夹的默认路径为C:\Users\Administrator\AppData\Local\Microsoft\Windows\Temporary Internet Files。

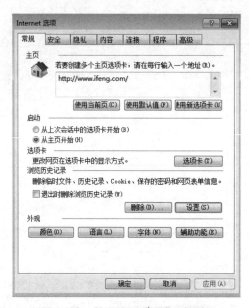

图 2-60 "Internet 选项"对话框

图 2-61 Internet 临时文件夹设置对话框

③在空白处右击，按大小排列图标的方式排列文件，以便于查找。优酷网视频扩展名为.mp4，可以根据扩展名判别是否为要保存的文件，复制视频文件，粘贴到本地计算机即可。

5. 使用迅雷下载资源

想下载一些高清电影和喜欢的电视剧，普通的下载方式效率低，使用起来不方便，通过迅雷下载，各种数据文件能够以较快的速度进行传输下载。迅雷还兼容目前各种下载方式。

进入电影天堂网站，搜索到想要下载的电影，如《北京遇上西雅图》，单击相关下载地址，如图2-62所示。

ftp://dygod1:dygod1@d079.dygod.org:9086/[电影天堂-www.dy2018.net].北京遇上西雅图.BD.720p.国粤双语中字.mkv

图2-62　下载地址

单击此下载地址后，系统弹出迅雷下载对话框，如图2-63所示。选择本地的下载文件路径之后，单击立即下载，已经安装好的迅雷下载工具将自动打开，并开始进行磁盘空间检测，如果磁盘空间足够大，迅雷将开始下载文件，并在对话框中显示下载速度等信息，如图2-64所示。

图2-63　迅雷下载对话框

图 2-64　迅雷下载窗口

二、认识不同的下载方式

互联网上有很多可以下载各种资源的站点。在这些站点下载文件时，用户可以根据需要选择不同的下载方式，下面介绍HTTP、FTP、P2P的相关知识。

1. HTTP 下载

HTTP是一种将位于全球各个地方的Web服务器中的内容发送给不特定的各种用户而制定的协议。也可以把HTTP看作向不特定各种用户"发放"文件的协议。

HTTP使用方式是使用Web浏览器或其他工具从Web服务器读取特定的文件，如果使用的是Web浏览器，同时Web浏览器发现所读取的文件是HTML的网页文件或者可显示的图像文件等，浏览器会在窗口中把该文件的内容显示出来，否则会提示用户保存该文件到计算机中。

2. FTP 下载

FTP（File Transfer Protocol）是TCP/IP协议簇中的协议之一，用来在计算机之间传输文件。它允许用户从远程计算机中获取文件，或将本地计算机中的文件传到远程计算机，并且文件的类型不限，可以是文本文件也可以是二进制可执行文件、声音文件、图像文件、数据压缩文件等。在进行工作前必须首先登录到对方的计算机上，登录后才能进行文件的搜索和文件传送的有关操作。在进行文件传输时，远程计算机会要求用户输入有效的账号和密码，检验无误后才允许操作。但是，许多公司为了公开发布信息，在网上设置"匿名（Anonymous）FTP"服务器，允许任何用户通过Internet下载该服务器中的公用文件。

例如，使用FTP上传和下载。操作步骤如下：

①启动IE浏览器。

②在地址栏中输入要访问的FTP服务器地址（如ftp：//192.168.0.1），按【Enter】键，如果不允许匿名登录，需要输入用户名和密码，登录后显示FTP服务器上的文件。

③如果是上传本机的文件到服务器，只需先在本机复制该文件，然后在IE窗口中右击，在弹出的快捷菜单中选择"粘贴"命令。如果要从服务器下载文件到本机，只需在IE窗口中右击需要下载的文件，选择"复制"命令，然后在本机磁盘中粘贴该文件。

3. P2P 下载

P2P（Point to Point）是点对点下载的意思，是用户在下载对方文件的同时也向对方上传所需的文件，直接将两个用户连接起来，让人们通过互联网直接交互，使共享和互联沟通变得更加方便，无须专用服务器，消除了中间环节。另外，如果下载同一资源的人越多，P2P下载的速度就越快；相反，如果采用FTP的方式下载，人越多，速度就越慢。

创新作业

①到网络上搜索迅雷下载工具，并且下载安装。

②利用迅雷下载电影《流浪地球》。

③利用百度搜索关于物联网的最新知识与新闻，并将搜集的资料先用压缩工具进行压缩，然后再将其发到教师邮箱。

模块三 || 新产品发布
——Word 2016 短文档制作

本模块通过对日常办公中4个特色短文档制作的具体分析，对Word的基本应用知识进行详尽说明，使读者可以轻松熟练地应用图片、文字和表格，制作出效果不同的文档。通过本模块的学习，在学会Word 2016基本操作的同时，还可体会如何提升软件的自我学习能力、创新能力以及团队之间的合作与沟通等能力。

能力目标

- 能创建、编辑、保存、打印电子文档。
- 能熟练进行文档的格式设置与排版。
- 能应用模板进行文档编辑，能创建、保存、应用模板。
- 掌握表格插入、样式设置，利用表格进行布局。
- 能熟练应用艺术字、图片、公式与自选图形。
- 能熟练进行文档的图、文、表的混排。
- 能使用邮件合并功能批量生成多份邮件文档。

项目一　新产品发布会通知制作——格式设置

微课

初识 Word
2016

微课

通知类短文档
排版

项目描述

程程接到公司总经理办公室负责人的通知，公司将于2019年6月28日举行"紫陌庄园"项目的筹划会议，程程需要完成一份关于会议的通知。

项目分析

类似通知、计划等文档，是在办公中经常需要处理的文档。这类文档的特点是内容与格式都有一定的要求。读者可以通过制作会议通知，完成对Word 2016窗口的认识、文档的建立及保存、基本格式设置等知识的学习。

项目实现

本项目的相关知识点及实现方法请扫描二维码，打开相关视频进行学习。

一、Word 2016 的启动

选择"开始"→"所有程序"→ Microsoft Office → Microsoft Word 2016命令启动Word 2016程序，其工作界面如图3-1所示。

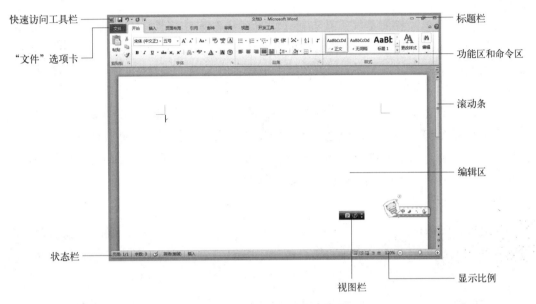

图 3-1　Word 2016 窗口构成

①标题栏：显示正在编辑的文档的文件名以及所使用的软件名。其中还包括标准的"最小化"、"还原"和"关闭"按钮及登录按钮，单击"登录"按钮，可以使用Microsoft的账户名进行登录，登录后，将在标题栏中显示用户名，并可以完成与其他用户的共享操作。

②快速访问工具栏：常用命令位于此处，例如"保存"、"撤销"和"恢复"命令。在快速访问工具栏的末尾是一个下拉菜单，在其中可以添加其他常用命令。

③"文件"选项卡：单击此按钮可以查找对文档本身而非对文档内容进行操作的命令，例如"新建"、"打开"、"另存为"、"打印"和"关闭"。

④功能区和命令区：工作时需要用到的命令位于此处，通常称为"组"命令区。功能区的外观会根据监视器的大小改变。Word通过更改控件的排列来压缩功能区，以便适应较小的监视器。

⑤编辑区：显示正在编辑的文档的内容。

⑥滚动条：可用于更改正在编辑的文档的显示位置。

⑦状态栏：显示正在编辑的文档的相关信息。

⑧"视图"栏：可用于更改正在编辑的文档的显示模式以符合用户的要求。

⑨显示比例：可用于更改正在编辑的文档的显示比例设置。

Microsoft Office 2016这种全新的用户界面，较"菜单+工具栏"的界面有以下几个优点。

①用户能够更加迅速地找到所需功能。以前的"菜单+工具栏"模式需要用户记住那些所需功能的具体位置处在哪个菜单下的哪个子菜单中，而基于功能区的全新用户界面，能够清晰直观地把用户所需的所有功能直接展现在用户面前，而不必到一个个菜单中"翻找"所需功能。

②操作更简单。界面不仅重新进行了设计，还在操作特性上有了很大提升，例如，当用户选中一幅图片时，上下文相关选项卡会自动显示出"图片工具"，当用户的选择由图片切换到一个表格时，上下文相关选项卡中显示的又成了"表格工具"，这样大大简化了用户的操作。

③用户容易发现并使用更多的功能。Microsoft Office是非常强大的办公平台系统，功能齐全。但是如何让用户去发现这些功能并充分利用呢？很多用户面临的问题并不是不会使用某些功能，而是根本就不知道有这些功能。新的界面相对旧界面几乎将所有功能暴露在用户面前，使它们更容易被用户发现并使用。

二、创建新文档

启动Word 2016后，单击"空白文档"模板，创建新文档，显示名称为"文档1"，也可以选择"文件"选项卡中的"新建"命令，单击"空白文档"或者其他模板创建新文档，如图3-2所示。

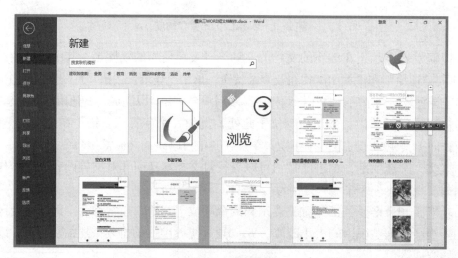

图 3-2　新建文档

三、文档的保存

选择"文件"→"保存"命令，第一次保存文件时，相当于"另存为"功能。Word 2016在"另存为"窗口的"这台电脑"中列出最近访问过的文件夹，可以快速找到文件保存的位置，如图3-3所示。文件保存需要解决3个问题：一是保存位置；二是保存类型；三是文件名。保存位置：在保存文件时，选定文件的保存位置，遵循分门别类的基本原则。文件的保存类型：Word 2016默认为Word文档，扩展名为.docx。文件名的命名：依然遵循所见即所得的原则。这里将该文件命名为"会议通知"。

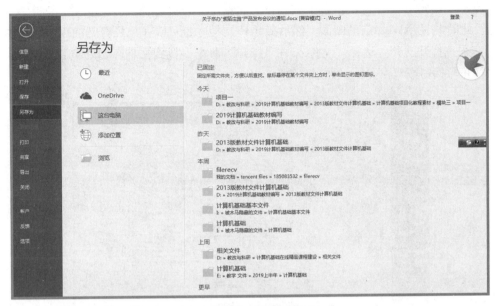

图 3-3 "另存为"对话框

四、设置文档信息

选择"文件"→"信息"命令，提供"保护文档"、"检查文档"和"管理文档"等功能。其中，"保护文档"功能可以提供只读方式设置、密码设置、限制编辑与访问、添加数字签名、标记为最终状态等功能，如图3-4所示。在"信息"选项中，会显示文档的"大小"、"相关日期"、"相关人员"和"修改者"等信息，如图3-5所示。还可通过"检查文档"，检查文件的兼容性等功能，如图3-6所示。可以通过管理文档来修复未保存的文档。

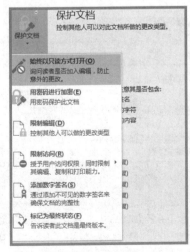

图 3-4 保护文档功能选项

图 3-5 文档属性

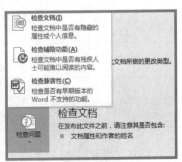

图 3-6 检查文档

五、打开文件

若要打开Word文档，则执行下列操作：将鼠标定位到存储文件的位置，然后双击该文件。此时将显示Word启动画面，然后显示该文档。也可以在已经打开的Word文档中采用以下方式打开文档：选择"文件"→"打开"命令，找到文档存储的位置并选中，单击"打开"按钮或双击文档，如图3-7所示。

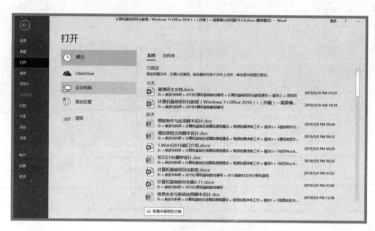

图3-7　打开已存在的文档

六、文本选择

Word中，可以使用鼠标和键盘组合键完成不同范围文本的选择。表3-1所示为常用的几种文本选择方式。

表3-1　文本选择方式

功　能	操作方法	效果示意图
选定任意长的文字	在要选定的文本开始处单击，然后按住【Shift】键，在要选定的文本末尾处单击	关于举办"紫陌庄园"产品筹划会议的通知
选定一个段落	连续单击三次鼠标左键	时间：2019 年 6 月 28 日下午 14：00 地点：公司会议室
选定一个词	连续单击两次鼠标	地点：公司会议室
选定一句话	先按住【Ctrl】键，然后在选定的文本任意位置单击	本次会议内容重要，盖相关人员充分重视。如不能参加，
选定一个矩形框	按住【Alt】键不放，拖动鼠标	时间：2013 年 6 月 28 日下午 14：00 地点：公司会议室

七、设置字符格式

设置本文正文字体为"华文楷体"，字号为"小四"，字体颜色为"黑色"。将标题"关于举办'紫陌庄园'产品筹划会议的通知"设置为"黑体"、字号设置为"小三"。操作步骤如图3-8所示。

　　所有显示在如图3-9所示的"字体"组中的命令均为快速命令，即选择需要设置的文字后，单击"字体"组上显示的命令按钮即可设置成功。"字体"即所选文字的字形，"字号"即所选文字的文字大小；$A^\wedge$ $A^\vee$命令，每一次单击可放大或缩小0.5磅；$Aa^\vee$命令针对英文字符，是否设置大小写；"清除格式"命令可将所选定的文字应用的字体或段落格式清除，不会清除文字；"下画线"命令可设置选定文字的下画线，可以是直线、波浪线、短横线等；"上标、下标"常用于数学或论文引用时的编号标示，如$y = x^2 + z^3$；"文字效果"命令用来设置选定文字的艺术效果；"突出显示"命令类似于荧光笔，可先单击"突出显示"按钮，再应用到需要高亮显示的文字上。"字体底纹"与"突出显示"不一样，每个命令按钮名称如图3-9所示。

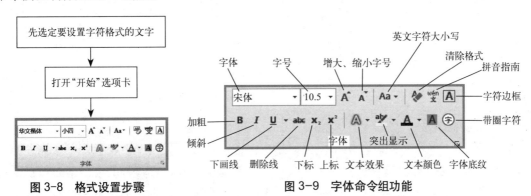

图3-8　格式设置步骤

图3-9　字体命令组功能

　　若要对某一选定文本段进行字体统一设置，最好将"字体"对话框打开，即选择文本后，单击"字体"组右下角的圈按钮，打开"字体"对话框（如图3-10），可以对所选文本设置中文、西文字体进行统一设置，如字形、字号、文字效果、文字颜色等。单击"字体"对话框的"高级"选项卡，还可以设置所选定文字之间的间距，如图3-11所示。

图3-10　"字体"选项卡

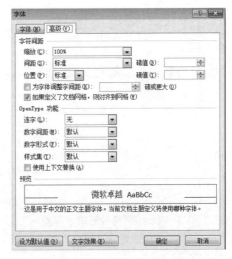

图3-11　"高级"选项卡

八、设置段落格式

"开始"选项卡的"段落"组中所有按钮的功能主要是对文档的一段或多段进行格式设置，如段与段之间的距离、段落中的文字对齐方式，尤其是一小段作为一个要点时，可用其中的命令设置段落编号或项目符号，还可设置特殊的中文版式，如双行合一行等，如图3-12所示。

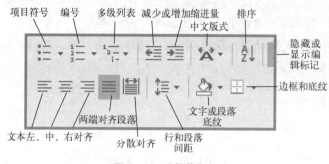

图 3-12 "段落"组

1. 项目编号

一般用于多个并列段，但不需要使用数字进行编号，如在"会议通知"中描述会议内容，可写成如图3-13所示。使用方式：先选择需要设置项目符号的各段落，然后单击"段落"组中如"项目符号"下拉按钮，选择一种项目符号。若没有喜欢的项目符号，可在展开的"项目符号库"中选择"定义新项目符号"命令，打开"定义新项目符号"对话框，在该对话框中，有3种类型的项目符号：符号、图片、字体，如图3-14所示。选择"符号"中的某一类字体集中的某一个字符作为项目符号，另外还可以用自己的图片或内置的图片作为项目符号，或者用特殊的字体作为项目符号。

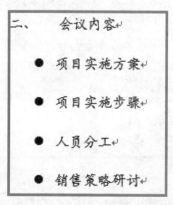

图 3-13 项目符号应用效果图

图 3-14 "定义新项目符号"对话框

2. 编号

一般用于列出有条理的条目，如在说明某一问题时要点有"（1）、（2）、（3）"或者在写论文时列出参考文献，如"[1]、[2]、[3]"。一般情况下，输入一个有序编号后，按下回车号则会出现自动编号，如在第一段中输入"1．重点问题解说"后按【Enter】键，则自动出现"2．"并且，"段落"组上的"编号"按钮会自动高亮显示，若不需要自动编辑可按【Ctrl+Z】组合键撤销。

设置编号的一般方法：先输入一段文字，并选择该段文字，单击"段落"组中的"编号"下拉按钮，展开"编号库"，如图3-15所示，若库中没有合适的编号，可选择其中的"定义新编号格式"命令，打开如图3-16所示的对话框，选择一种"编号样式"后，在"编号格式"文本框中"1"左右各输入方括号，形成新的编号格式。

图 3-15 编号库

图 3-16 定义新编号格式

3．多级列表

多用于写长篇文章，如写毕业论文或编书等。在模块六长文档排版中将重点介绍该功能的应用

4．减少或增大缩进量

"减少缩进量"按钮可使所选中的段落整体向左边距靠近1字符，"增大缩进量"指所选中的段落整体远离左边距1字符。

5．中文版式

中文版式常用于公文或报纸排版中，包含了"纵横混排"、"双行合一"、"合并字符"和"字符缩放"等。例如，将图3-17中文字改成图3-18所示文字，方法：选择标题中"紫陌庄园产品筹划"，单击"段落"组中的"中文版式""双行合一"命令，打开"双行合一"对话框，还可以根据需要加括号，如图3-19所示。

紫陌庄园产品筹划

图 3-17　正常文字版式

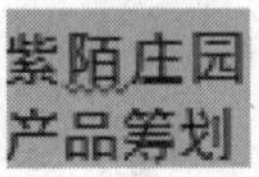

图 3-19　"双行合一"对话框

紫陌庄园
产品筹划

图 3-18 双行合一版式效果

6．文本对齐

左对齐即该段中文字不够一行时，则先靠左；居中对齐常用于标题段；右对齐常用于文件签名及签日期；两端对齐指同时将文字左右两端同时对齐，并根据需要增加字间距，但如果文字不够一行，则类似于左对齐，如图3-20所示；分散对齐指使段落两端同时对齐，并根据需要增加字符间距，即使该段中最后一行只有2个字，也会将这2个字左右各放1个。两端对齐与分散对齐的区别如图3-21所示。

图 3-20　两端对齐效果

图 3-21　分散对齐效果

7．行和段落间距

可快速设置选定段落的行距，行距以"N倍行距"计，其中的"增加段前间距"与"增加段后间距"命令按钮，对选定的段落只可单击一次，即增加"12磅"若想再增加"12磅"，只能通过"段落"对话框。

8．底纹与边框

可通过"开始"→"字体"组中的"字符底纹"按钮▲设置选定文字的文字底纹，若要设置段落底纹，则需要选择"边框"下拉列表中的"边框和底纹"命令。在"边框"中的命令还可以对"空段落"设置"横线"。方法：选择'回车号'单击"段落"组中

"边框"下拉列表中的"横线"命令。提示：若只需要调整段落的左右缩进量及段前段后间距，可以单击"页面布局"选项卡"段落"组中的命令，如图3-22所示。

图 3-22　"段落"组

除了通过"段落"组命令设置段落格式外，还可以单击"段落"组命令中的 🔲 按钮，打开段落对话框，进行"缩进和间距"、"换行和分页"和"中文版式"的设置，如图3-23所示。

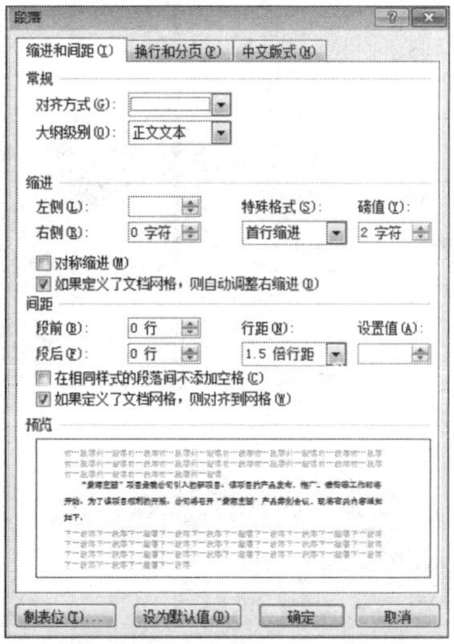

图 3-23　"段落"对话框

九、页面设置

在打印之前，必须对文件进行页面设置和纸张设置。页边距设置为"上、下、右各为2厘米，左为2.5厘米"，纸张大小设置为A4纸，设置方法如图3-24所示。

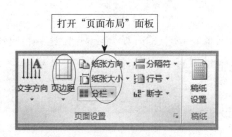

图 3-24　"页面设置"组

　　单击"页边距"按钮，选择"自定义页边距"命令，打开页面设置对话框，自定义页边距，如图3-25所示。可以进行上下左右边距、纸张、板式、文档网络的设置。

　　文件设置后的效果图，如图3-26所示。

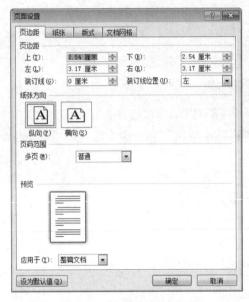

图 3-25　"页面设置"对话框

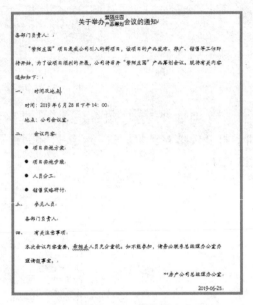

图 3-26　效果图

相关知识与技能

　　编辑一篇类似通知这样的短文档，应该注意如下事项：

　　①遵循先输入文字，再进行格式设置的基本顺序。

　　②对于相对正规的文档，建议大家不要过多设置不必要的格式。形式上的过度设置，往往会影响内容表达的客观性和庄重性。

　　③在文档进行打印之前，建议先进行打印预览。根据预览的结果调整文档的内容和格式之后，再对终稿进行打印。

技巧与提高

一、格式刷的使用

　　选中需要复制格式的内容，单击"开始"选项卡组中的模式刷按钮 ，然后选中目标内容，按住鼠标左键，拖动鼠标，以复制格式。如果双击 命令，可以多次使用格式刷命令。

二、常用快捷键的使用

　　常用的快捷键如表3-2所示。

表3-2　常用快捷键表

快捷键	作用
Ctrl+Shift+Spacebar	创建不间断空格
Ctrl+-（连字符）	创建不间断连字符
Ctrl+B	使字符变为粗体
Ctrl+I	使字符变为斜体
Ctrl+U	为字符添加下画线
Ctrl+Shift+<	缩小字号
Ctrl+Shift+>	增大字号
Ctrl+Q	删除段落格式
Ctrl+Spacebar	删除字符格式
Ctrl+C	复制所选文本或对象
Ctrl+X	剪切所选文本或对象
Ctrl+V	粘贴文本或对象
Ctrl+Z	撤销上一操作
Ctrl+Y	重复上一操作

创新作业

有以下未经排版的文档：

关于召开**省高校计算机教学研究会

2019年学术年会的通知

各高等学校教务处及有关院系：

经研究，决定于2019年8月中旬在**召开**省高校计算机教学研究会2012年学术年会。本次年会的主题：围绕"十三五"国家高等教育人才培养质量提升计划，研讨我省高校计算机教学的改革与创新。

会议将邀请**大学党委书记、教育部**副主任委员李廉教授，**大学计算机学院网络工程系主任、**教学团队带头人**教授，**大学本科生院副院长、浙江省高校**主任委员、教育部高校计算机基础课程教学指导委员会委员何钦铭教授等国内知名计算机教育专家作有关计算思维、网络工程专业建设、教学成果建设及凝练等大会报告。

现将会议有关事项通知如下：

一、会议时间：2019年8月18日至20日，18日下午报到。

二、会议地点：浙江宁波**

三、有关事项：

1．参加会议人员会议资料费每人**元，食宿自理。

2．会费：会议期间将收取2019年会费（理事长单位会费为**元、副理事长单位为**元、理事单位为**元）。2019年前个别院校会费尚未缴清的单位请一并补交。

3．本次大会将紧密围绕会议主题，进行大会报告与分组交流研讨。

4．交流论文：请各参会代表针对年会交流主题准备论文（中英文皆可）。要求每个学校至少提交一篇，常务理事单位至少提交两篇论文，请于2019年7月1日前提交论文，投稿网址：***或发送电子邮件至**大学**论文经评审后，由**出版社出版。

5．务请各位理事（若理事不能出席的应当委托他人出席）、论文作者到会，欢迎从事计算机教学的教师及学校、学院（系）教学、管理人员参加会议。

6．本次会议由**学院承办。请各校在6月25日前将参加会议代表的会议回执电子邮件或传真到**学院以下地址，以便会议住宿和资料等的安排和准备。

联系人：金老师

联系电话：**

E-mail：**@yahoo.com.cn

QQ:**

附件：1．会议有关说明

2．会议回执

请对该文档完成如下设置：

1．页面设置。

2．格式设置。

3．段落设置。

4．中文版式设置。

项目二　新产品发布公文制作——模板应用

项目描述

程程今天接到新的工作任务，要求完成紫陌庄园正式开盘销售的公文。部门经理只给了以往的几份发布的公文做参考。在做公文之前，先通过搜索引擎了解Word 2016公文制作的基本步骤，并且询问了以前从事公司总经理办公室秘书的意见，便着手开始工作。

项目分析

读者可以通过本项目的制作，掌握模板的下载、创建、修改、保存和应用方法，初步了解域的概念和应用。

项目实现

本项目的相关知识点及实现方法请扫描二维码，打开相关视频进行学习。

制作公司公文模板

1. 模板下载

除了通用型的空白文档模板之外，Word 2016中还内置了多种文档模板，如简历模板、书法字帖模板等。另外，Office.com网站还提供了各种业务、活动、传单、卡等特定功能模板。借助这些模板，用户可以创建比较专业的Word 2016文档。在Word 2016中使用模板创建文档的步骤如下：

①选择"文件"→"新建"命令，选择Office.com模板中的"简历"，选择其中一种风格的简历模板，如图3-27所示。

微课●
模板制作与
应用

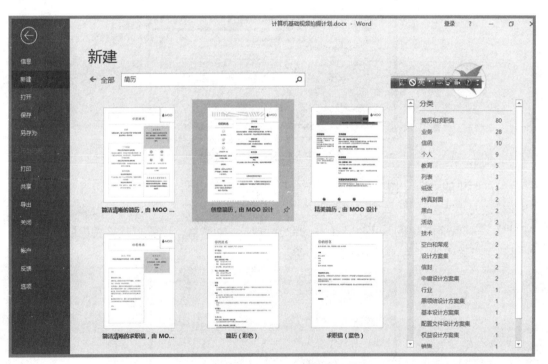

图 3-27　选择 Office.com 中的"简历"

②单击下载之后，简历模板将下载到本地计算机中。用户可以在模板的基础上根据自己个性化的需求，完成内容与格式的修改、编辑及保存，如图3-28所示。

2. 模板创建

用户可以根据自己的需要，创建个性化模板。创建模板要完成两方面的任务：一是根据主题需要完成相关内容部分的格式设置；二是在需要输入内容的位置完成文本输入的相关提示。

图 3-28　利用模板编辑文档

①在创建的空白文档头部输入"杜甫家园房产有限公司文件"，将其设置字体格式为"宋体"，大小为"一号"，颜色为"红色"，对齐方式为"居中"。在文字内容下方，插入"形状"→"线条"中的水平线，右击水平线弹出快捷菜单，设置形状格式中的颜色，将水平线颜色设置为红色，效果如图3-29所示。

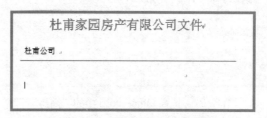

图 3-29　公文模板文件头效果图

②在需要输入文件含义、年份、文件号、正文标题、正文内容、主题词、收文部门、发文机关等内容处插入MacroButton域，以完成相关提示。

选择"插入"→"文本"→"文档部件"→"域"命令，如图3-30所示。选择其中的MacroButton域，并在显示文字中输入"此处输入年份"等提示信息，单击"确定"按钮，如图3-31所示。

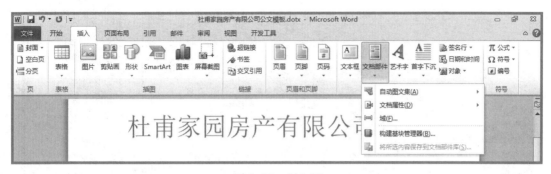

图 3-30 插入域

图 3-31 "域"对话框

③在需要输入日期的地方，插入Time域，以完成时间的自动更新插入，如图3-32所示。

④完成域的插入之后，选中域，可以完成对域内容的编辑与修改，如图3-33所示。进入域编辑之后，将打开"域"对话框。

3. 模板保存

将编辑好的模板保存成杜甫家园房产有限公司的公文模板，打开"另存为"对话框（见图3-34）。选择保存位置，选择文件的保存类型为Word模板（*.dotx），文件名修改为"杜甫家园房产有限公司公文模板"，单击"保存"按钮，完成模板的保存。该模板完成后的效果图如图3-35所示。

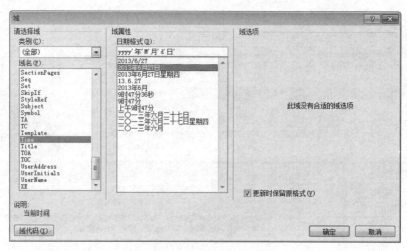

图 3-32　插入 Time 域

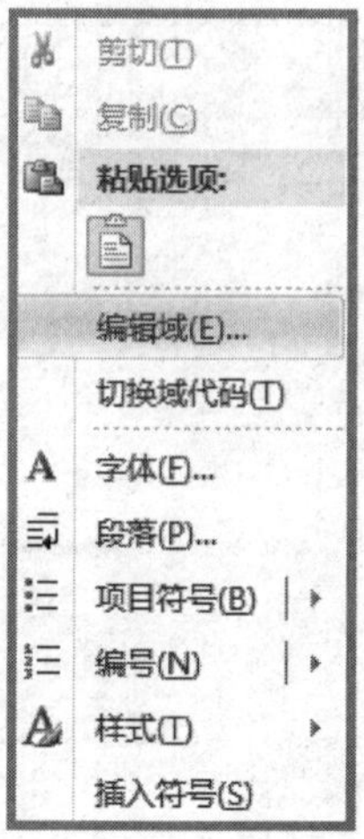

图 3-33　域的编辑

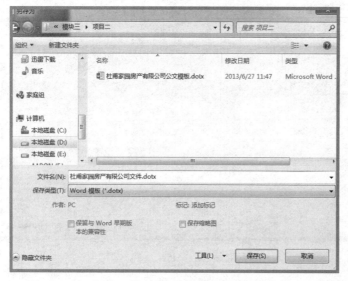

图 3-34　模板保存

图 3-35　效果图

4. 模板应用

①模板编辑完成之后，下次再进行公文编辑，就可以使用该模板。

注意：对于Office 2016用户，自定义模板存放的默认路径是"C:\Users\用户名\我的文档\自定义模板"文件夹，放置完成后只需新建文档时选择"个人"，即可在"新建"个人模板中使用自定义模板。

保存模板时，如果没有将模板保存到上述系统默认的文件夹中，当新建文件，使用"个人"模板创建文档时，就会找不到保存好的模板。

Word 2016允许用户自己更改模板保存的位置。选择"文件"→"选项"命令，选择"Word选项"窗口中的"高级"，在"常规"部分，单击"文件位置"按钮，打开"文件位置"，如图3-36所示。将用户模板和工作组模板的位置修改为公文模板保存的位置。下次再新建文件时，就可以在"个人"模板中看到保存好的模板。

②选择"文件"→"新建"命令，选择"个人"，在列表中选择刚才保存的杜甫家园房产有限公司文件，如图3-37所示。

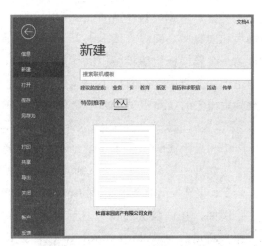

图 3-36　修改用户模板位置　　　　图 3-37　应用自建模板新建文档

相关知识与技能

一、模板的概念

在Word 2016中模板是一个预设固定格式的文档，模板的作用是保证同一类文体风格的整体一致性。使用模板，能够在生成新文档时，包含某些特定元素，根据实际需要建立个性化的文档，可以省时、方便、快捷地建立用户所需要的具有一定专业水平的文档。

二、模板的分类

当某种格式的文档经常被重复使用时，最有效的方法是使用模板。

Word 2016根据扩展名区分，支持3种类型的模板。当用户使用模板创建文档时，这3种模板的区别并不明显，但是当用户修改和创建模板时，模板类型就显得很重要。

①Word 97-2003模板（.dot）：用户在Word早期版本中创建的模板。这种模板无法支持Word 2010和Word 2016的新功能。基于此类模板创建文档时，标题栏会显示"兼容模式"字样。

②Word 2010-2016模板（.dotx）：这是Word 2016的标准模板，支持Word 2010-2016的所有新功能，但是不能存储宏。用户可以在基于该模板的文档中存储宏，但是不要在模板中存储。无法存储宏主要是为了安全，因为宏可以携带病毒。

③启用宏的Word模板（.dotm）：这个模板和标准模板唯一的区别就在于这个模板存储了宏。

三、Normal.dotm 模板

在Word中，任何文档都衍生于模板，即使是在空白文档中修改并创建的新文档，也是衍生于Normal.dotm模板。

选择"文件"→"新建"命令，单点"空白文档"模块，会新建一个空白文档。这个文档就是依据模板Normal.dotm生成的，也继承了共用的Normal模板默认的页面设置、格式和内置样式模板。基本上Word文档都是基于Normal.dotm生成的，即使将新建文件另存为一个新模板，该模板也同样基于Normal.dotm，故可将Normal.dotm称为模板的模板。正是因为文档中存在着如下三层关系：文档、文档基于的模板、Normal.dotm，在用户调整样式或宏时，可以选择将变更保存在当前文档、当前文档的模板或者是Normal.dotm模板3个位置，而且不同的存储位置有不同的影响范围。

①如果选择Normal.dotm，则所做的改变对以后的所有文档都有效。

②如果选择当前文档名，则所做的改变只对本文档有效。

③如果选择当前文档基于的模板名，则所做的改变对以后建立的基于该模板的文档有效。

例如，在调整页面设置之后，可以单击"页面设置"对话框下方的"设为默认值"按钮，将更改写入Normal.dotm，改变默认设置，如图3-38所示。这样，每次新建文件时，都可以根据自定义页面设置生成新文件。Normal.dotm模板默认存放在C:\Users\用户名\AppData\Roaming\Microsoft\Templates文件夹下。

图 3-38　Normal.dotm 模板的修改

注意：不要将过多更新添加到Normal模板中，在新文件的创建过程中，过于臃肿的Normal.dotm会导致载入速度变慢，启动时间变长。可以删除Normal.dotm模板，Word 2016会自动重新生成一份，只是原先对模板所做的更改不会保留。

技巧与提高

在Word 2016中使用模板创建的文档,可以通过下面的方法替换模板。

①打开使用模板创建的某个文档,以个人简历文档为例,如图3-39所示。

②选择"文件"→"选项"中的"加载项",在查看和管理microsoft office加载项页面的左下方,找到管理的下拉菜单,选择模板,单击"转到"按钮,如图3-40所示。

图 3-39 使用模板创建的个人简历 　　图 3-40 "查看和管理 Microsoft Office 加载项"窗口

③单击"转到"按钮之后,进入系统默认的模板保存文件夹,选择已下载的简历模板,如图3-41所示。

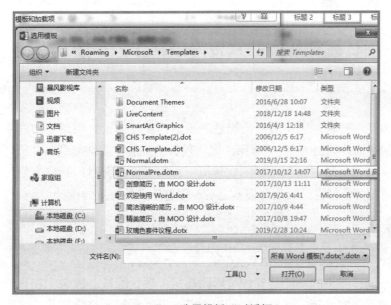

图 3-41 "选用模板"对话框

④选中"自动更新文档样式"复选框（见图3-42），单击"确定"按钮，模板完成替换，个人简历效果图如图3-43所示。

图 3-42 "模板和加载项"对话框

图 3-43 修改模板后的个人简历

创新作业

①利用Office.com模板，建立班级演讲比赛的奖状。

②利用Office.com模板，编辑一张教师节贺卡，并发给老师。

项目三 新产品宣传海报制作——图文混排

项目描述

程程因为在办公软件应用方面的出色表现，已经赢得了公司领导和同事的信赖。在公司领导和同事的共同努力下，"紫陌庄园"项目的开展也非常顺利。昨天，公司部门领导安排程程完成"紫陌庄园"项目的宣传海报，用于发布会举行时，发给与会的每位客人。程程在对相关资料进行收集和搜索之后，便着手开始海报的设计工作。

项目分析

类似这种宣传海报的制作，大致遵循以下几个步骤：

①版面布局：海报的功能是宣传"紫陌庄园"项目的核心理念、销售价格、户型面积等。既要做到图文并茂，又要做到别出心裁。既然要用到多张图片、多段文字，就需

要先对版面进行布局，可以用Word的表格对版面进行布局。相关知识点及操作步骤请扫描二维码，打开视频进行学习。

②插入图片、SmartArt结构图、图表、艺术字等。

③美化、修饰：利用绘图工具等功能对版面进行美化和修饰，以达到柔和、协调的效果。相关知识点及操作步骤请扫描二维码，打开视频进行学习。

微课●

图文混排之利用表格进行布局

项目实现

一、插入表格

宣传海报大致分为8个版块。可以先插入一张规则表格，再根据版块的需要，对单元格进行合并和拆分。

创建Word空白文档，并保存该文档。单击"插入"→"表格"按钮，插入一张5行4列的表格，如图3-44所示。

微课●

图文混排之图片与文本混排

二、表格属性设置

右击表格，在弹出的快捷菜单中选择"表格属性"命令，设置表格行高为4.5厘米，如图3-45所示。

微课●

图文混排之SmartArt 与图表

图 3-44　"插入表格"对话框

图 3-45　"表格属性"对话框

三、单元格合并与拆分

①选中第一行，右击，在弹出的快捷菜单中选择"单元格合并"命令，对单元格进行合并，完成合并之后，再对第一行进行拆分，拆分成3列。

②选中最后一行，合并单元格；选中第三行第二列和第四行第二列，合并单元格。

表格布局完成后，效果图如图3-46所示。为叙述方便，标注数字作为版块编号。

四、版块1设计——图片插入

在版块1插入素材中紫陌庄园LOGO图片。单击"插入"→"图片"按钮选择logo.png，单击"插入"按钮，如图3-47所示。单击插入的图片，对图片进行大小和位置设置，设置图片高度为3.57厘米，宽度为5.25厘米，如图3-48所示。

图 3-46　表格布局效果图

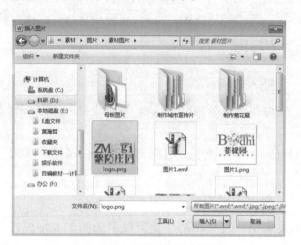

图 3-47　"插入图片"对话框

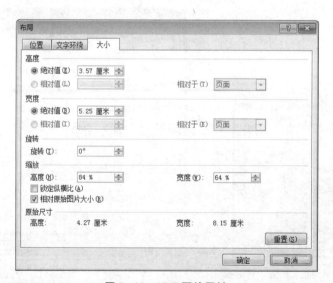

图 3-48　设置图片属性

五、版块2设计——普通文本输入

输入公司销售热线，并设置字体为"宋体"，字号为"小三"，颜色设置为风格与LOGO图片一致的绿色。

六、版块3设计——艺术字插入

在版块3中单击"插入"→"艺术字"按钮，选择跟LOGO图片风格一致的第一行最后一个字体样式，输入"品质豪宅倾情绽放"。调整艺术字的大小和位置，使其与单元格的大小相适应，如图3-49所示。

七、版块 4 设计——图文混排

在版块4的3个单元格中，分别插入素材中的地理位置.png、门厅效果.png、台阶效果.png，并输入相关文本信息。选中图片，右击，选择"自动换行"→"穿越型环绕"命令，并将文本内容设置为"左对齐"，效果如图3-50所示。

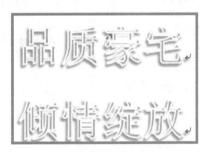

图 3-49 艺术字效果

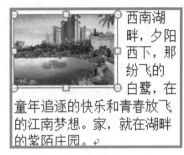

图 3-50 图文混排效果

八、版块 5 设计——插入 SmartArt 图形

SmartArt图形是信息和观点的视觉表示形式。虽然插图和图形比文字更有助于理解和回忆信息，但大多数人仍创建仅包含文字的内容。要创建具有设计师水准的插图很困难，使用SmartArt图形的插入功能，只要单击几下鼠标，即可创建具有设计师水准的插图。可以通过从多种不同布局中进行选择来创建SmartArt图形，从而快速、轻松、有效地传达信息。方法：单击"插入"选项卡"插入"功能区中的SmartArt按钮，即可打开"选择SmartArt图形"对话框，如图3-51所示。选择循环中的第一种图形，输入相关文本，并设置颜色为主题颜色绿色，效果如图3-52所示。

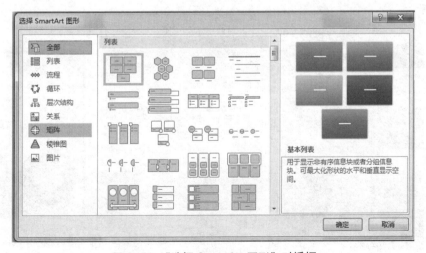

图 3-51 "选择 SmartArt 图形"对话框

九、版块 6 设计——插入图表

在Word 2016中，可以插入图表，对数据进行直观和形象的表达。单击"插入"选项卡"插入"功能区中的"图表"按钮，打开"插入图表"对话框，如图3-53所示。选择圆环图，进入图表编辑窗口。Word 2016图表数据的编辑是在Excel 2016中完成的，如图3-54所示。在标题栏、数据列和分类列中分别输入数据，就可以完成对图表的创建。调整图表的大小和位置，让其满足表格的需要，效果图如图3-55所示。

图 3-52　SmartArt 效果图

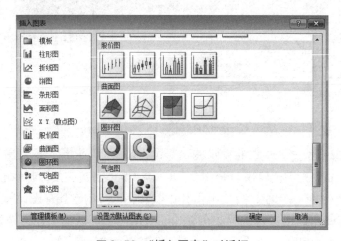

图 3-53　"插入图表"对话框

图 3-54　图表编辑窗口

图 3-55　图表效果图

十、版块 7 设计——插入图片和文本

在版块7中插入图片A3、A4、B2等户型图和相关文本信息。

十一、版块 8 设计——图片设置成背景

在版块8中插入素材中的background.jpg，设置图片"自动换行"——"衬于文字下方"，即可将图片设置成该段文字的背景图片。

十二、取消表格边框

表格仅仅是用来作为布局的，布局完成以后，可以取消表格的边框。选中表格，在"边框和底纹"对话框中，边框设置为"无"，如图3-56所示。设置完成后，宣传海报效果图如图3-57所示。

图 3-56　"边框和底纹"对话框

图 3-57　宣传海报效果图

相关知识与技能

一、表格中的公式

Word 2016的表格通过内置的函数功能，并参照Excel的表格模式提供了强大的计算功能，可以帮助用户完成常用的数学计算，包括加、减、乘、除以及求和、求平均值等常见运算。

如果需运算的内容恰好位于最右侧或者最底部，可以通过简单函数完成运算。

下面将以表3-3所示，计算表格中总分和平均分，来说明Word 2016中公式中的应用。

①将光标置于要求和的单元格中。

②单击"表格工具—布局"选项卡"数据"组中的"*fx*公式"按钮，打开"公式"对话框，如图3-58所示。

图3-58 "公式"对话框

③单击"杨过"行的总分相应的单元格，输入公式=SUM（LEFT）即可。公式中的参数包括4个，分别是左侧（LEFT）、右侧（RIGHT）、上面（ABOVE）和下面（BELOW），在"编号格式"框中选择数字的格式，如果要以两位小数显示数据，请选择"0.00"。

④单击"杨过"行的平均分相应的单元格，输入公式AVERAGE（C2:G2）。

表3-3 表格公式运算

序号	姓名	计算机概论	大学英语	计算机基础	大学物理	政治	总分	平均分
1	杨过	73	89	90	76	79	407	81.40
2	小龙女	82	78	68	75	86	389	77.80
3	黄老邪	68	64	90	68	89	370	75.80

注意：Word是以域的形式将结果插入选定单元格的。如果更改了引用单元格的值，请选定该域，然后按［F9］键，即可更新计算结果。

二、表格排序

在很多情况下，表格中存储的信息需要按照一定方式排列，以往大家往往使用Excel完成相关的功能，事实上Word本身就包含一个功能强大的排序工具。单击"开始"→"段落"→"排序"按钮，可打开"排序"对话框进行排序设置，如图3-59所示。

Word 2016中排序的规则如下：①升序，顺序为字母A~Z，数字为0~9，或最早的日期到最晚的日期；②降序，顺序为字幕Z~A，数字为9~0，或最晚的日期到最早的日期。

　　Word 2016支持使用笔画、数字、日期、拼音等4种方式进行排序，并可同时使用多个关键词进行排序。在中文的名单中经常被要求按照姓氏笔画排序，此时可直接将关键字的排序类型选择为笔画。

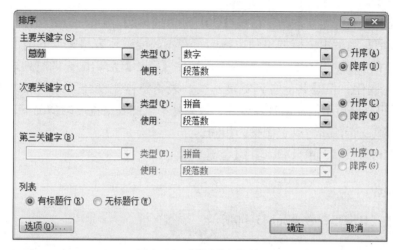

图 3-59 "排序"对话框

三、屏幕截图

　　Word 2016提供了非常方便和实用的"屏幕截图"功能，该功能可以将任何最小化后收藏到任务栏的程序屏幕视图等插入到文档中，也可以将屏幕任何部分截取后插入文档。

　　插入任何最小化到任务栏的程序屏幕的操作步骤如下：

　　①将光标置于要插入图片的位置。

　　②单击"插入"→"插图"→"屏幕截图"按钮，弹出"可用的视窗"窗口，其中存放了除当前屏幕外的其他最小化的藏在任务栏中的程序屏幕视图，单击所要插入的程序屏幕视图即可。

　　插入屏幕任何部分的图片的操作步骤如下。

　　①将光标置于要插入图片的位置。

　　②单击"插入"→"插图"→"屏幕截图"，在弹出"可用的视窗"窗口中，单击"屏幕剪辑"选项。此时"可选视窗"窗口中的第一个屏幕被激活且成模糊状。

　　注意：第一个屏幕在模糊前大约有1~2s的间隔，若需截取对话框等操作步骤图，可在此间隔中单击按钮操作。

　　③将光标移到需要剪辑的位置，拖动剪辑图片的大小。图片剪辑完成之后，放开左键即可完成插入操作。

技巧与提高

Word表格应用技巧：

①在文档第一页插入表格后，若需插入表格标题，可直接在表格第一格按【Enter】键。

②在表格最后一个单元格，按【Tab】键或【Enter】键，则插入一行。

③在表格需要拆分位置的前一行按【Ctrl+Shift+Enter】键可拆分表格。

④按【Ctrl】键后用鼠标调整列边线，可在不改变整体表格宽度的情况下，调整当前列宽。以后的各列，依次向后进行压缩。按住【Shift】后用鼠标调整列边线，效果是当前列宽发生变化，但是其他各列宽度不变。表格整体宽度会因此增加或减少。而按【Ctrl+Shift】组合键后用鼠标调整列边线，效果是不改变表格宽度的情况下，调整当前列宽，并将当前列之后的所有列宽调整为相同。

⑤删除表格可按【Shift+Delete】组合键。

创新作业

设计一张元旦海报，效果如图3-60所示。

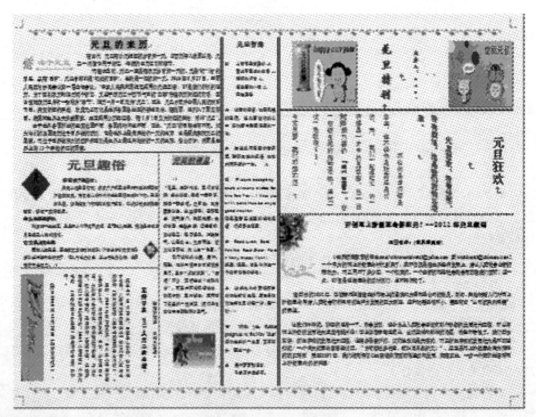

图3-60　元旦海报效果图

项目四　邀请函制作——邮件合并

项目描述

随着"紫陌庄园"新产品项目发布会的临近，程程和同事们的工作越来越紧张。虽然工作忙碌，但是她却因为在办公软件应用方面的出色表现获得了同事和领导的信赖，自己也越来越有成就感。今天，程程接到的任务是制作发布会的邀请函，并同时给30多个公司客户发邀请函，邀请函的主体内容相同，但是姓名、称谓等却完全不一样。程程想通过将主题内容复制、粘贴，然后再修改姓名、称谓的方法来做，但是如果这样处理，一是数据容易出错，二是效率太低。程程于是请教办公室主任，主任让她上网搜索"Word 2016邮件合并"的关键词。经过网络搜索和同事的提醒，程程着手开始邀请函的制作。

项目分析

邮件合并一般应用于需要批量处理的信函，信函内容有固定不变的部分和变化的部分（比如打印信封，寄信人的信息是固定不变的，而收信人信息是变化的），变化的内容可来自数据表中有标题行的数据库表格。

邮件合并的原理是将发送的文档中相同的重复部分保存为一个文档，称为主文档；将不同的部分，如很多收件人的姓名、地址等保存成另一个文档，称为数据源；然后将主文档与数据源合并起来，形成用户需要的文档。

发送文档不相同的部分如收件人的姓名、地址等可以放在数据源表格中，数据源可看成是一张简单的二维表格。表格中的每一列对应一个信息类别，如姓名、性别、职务、住址等。各个数据域的名称由表格的第一行来表示，这一行称为域名行，随后的每一行为一条数据记录。数据记录是一组完整的相关信息，如某个收件人的姓名、性别、职务、住址等。

邮件合并功能不仅用来处理邮件或信封，也可用来处理具有上述原理的文档。常见的邮件合并案例有：奖状、录取通知书、给同事或企业合作伙伴的贺卡、邀请函等，这些案例有一个统一的特点：同样的内容要寄送给很多不同的人。

按照以上思路，程程打算把该项目分成3个步骤来完成：

①生成邀请函主文档。

②设置数据源。

③将数据源合并到主文档：邮件合并。

📢 **项目实现**

一、创建主文档

相关知识点和操作步骤可扫描二维码打开视频进行学习。

新产品发布会邀请函，主题色调应该热烈、庄重。布局合理，并突出显示公司名称、项目名称等内容。基于以上要求，本项目选择用表格来进行布局，并选用艺术字、文本框等内容来进行突出显示。制作步骤如下：

①单击"文件"→"新建"→"空白文档"新建一个空白文档。

②单击"布局"→"纸张大小"选择"B5信封"；"纸张方向"选择"横向"；"页边距"选择"中等"。

③单击"插入"→"表格"按钮，插入一张三行一列的表格。

④参照效果图，调整表格的大小及每一行的高度，并设置第一行和第三行填充颜色为红色。

⑤在第一行中单击"插入"→"文本框"→"简单文本框"，文本内容设置为"邀请函"，设置字体为"宋体"，字号为"一号"，字体颜色设置为跟主题相近的"橙色"，并设置文本框的边框颜色为"橙色"。

⑥单击"插入艺术字"按钮，选择艺术字类型为 A ，输入艺术字内容为"杜甫家园"，并将其置于第一行右侧。同样步骤插入艺术字"敬请光临"，置于第三行右侧。单击"插入"→"图片"按钮，将紫陌庄园的LOGO图片，插入第三行左侧，并调整图片大小。

⑦在主体部分，即第二行部分，插入邀请函主要内容，并设置标题的字体、大小、居中方式等，设置完成后，效果如图3-61所示。

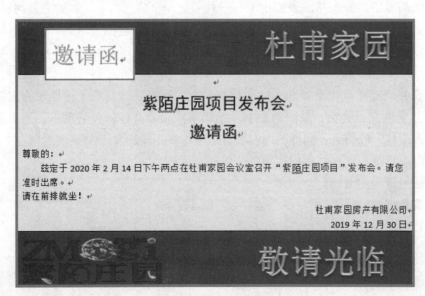

图3-61　主文档效果图

二、准备数据源

数据源可以有3种存在方式：

①可以通过Word表格来创建数据源。

②可以通过Excel表格来创建数据源。

③可以使用Outlook或Outlook Express的通讯录来制作数据源。

程程已经将联系人名单存储在Excel表格中，如图3-62所示。

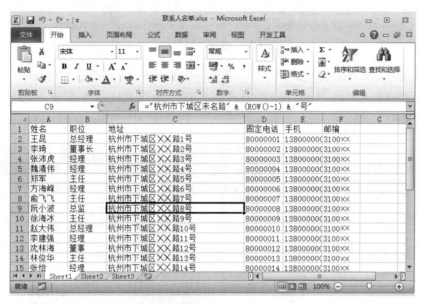

图3-62　联系人名单

三、将数据源合并到主文档：邮件合并

①在"邀请函主文档"所在文档中单击"邮件"→"开始邮件合并"→"选择收件人"下拉按钮，选择"使用现有列表"，如图3-63所示。

图3-63　选择收件人

②在打开的"选取数据源"对话框中选择准备好的联系人名单.xlsx，并单击"打开"按钮。在选择表格对话框中选择存放联系人名单的Sheet1$，并勾选"数据首行包含列标题"，单击"确定"按钮，如图3-64所示。此后将发现"邮件"选项卡中很多功能变为"可用"状态，不再灰色显示，此时"邀请函主文档"已经与"联系人名单"表中内容相互关联。

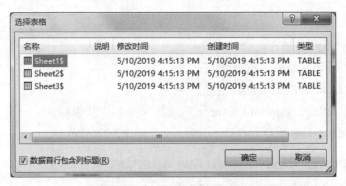

图 3-64 "选择表格"对话框

③将光标定位于邀请函主文档中"尊敬的"文字内容之后，单击"邮件"→"编写和插入域"→"插入合并域"下拉按钮，选择"姓名"和"职位"两个字段，如图3-65所示。插入后效果如图3-66所示。此时"邮件"选项卡"预览结果"组中的命令全部激活。

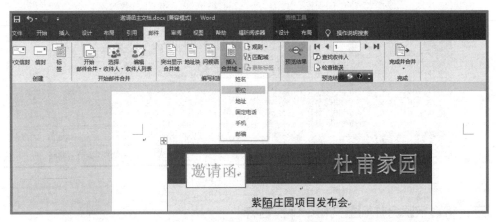

图 3-65 插入域

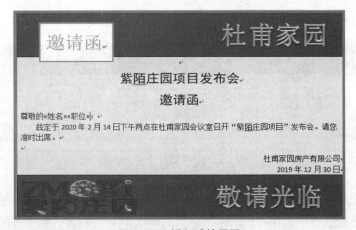

图 3-66 插入域效果图

④ 单击"邮件"→"开始邮件合并"下拉按钮，选择"信函"。再单击"邮件"→"预览结果"，查看一下效果，若无误，则再单击"邮件"→"完成并合并"下拉按钮，选择"编辑单个文档"命令，打开"合并到新文档"对话框。合并记录选择"全部"，然后单击"确定"按钮生成文件名为"信函1"的文档。此时，Excel表格中的数据将全部按域"姓名""职位"合并到邀请函中。合并完成后的效果图如图3-67所示。

图 3-67　全部合并的信函——邀请函

相关知识与技能

本模块中，我们已经在直接和间接使用域。例如，在项目二中，使用了MacroButton域、Time域，在项目四中，使用邮件合并文档中的"姓名""职位"作为占位符，实际上使用的是MERGEFIELD域。在模块六中，还会使用目录、索引、页码、标题引用、题注、交叉引用等域。

那么，究竟什么是域呢？

在这里对域做一下简单介绍，以便大家能够理解域的基本概念和基本操作。对于域更深入的了解，将在模块六中进行介绍。

域是文档中可能发生变化的数据或邮件合并文档中套用信封、标签的占位符。可能发生变化的数据包括目录、索引、页码、打印日期、存储日期、编辑时间、作者、文件命名、文件大小、总字符数、总行数、总页数等，在邮件合并文档中为收信人单位、姓名、头衔等。

实际上可以这样理解域，域就是一段程序代码，文档中显示的内容是域代码运行的结果。例如，在邀请函文档中插入"姓名"和"职位"并合并之后，显示的是来自Excel

表格中的数据，例如张沛虎经理。在邀请函主文档中插入姓名域的位置，按【Shift+F9】组合键，将显示 { MERGEFIELD 姓名 }，再按下【Shift+F9】组合键，重新显示联系人的姓名。即，在邀请函文档中插入的"姓名"，实际是一个域，我们看到每张邀请函的姓名和职位都不同，这是域代码MERGEFIELD的运行结果。【Shift+F9】是显示域代码和域结果的切换开关。

大多数域是可以更新的，当域的信息源发生改变时，可以更新域让它显示最新信息，这可以让文档变为动态的信息容器，而不是内容一直不变的静止文档。域可以被格式化，可以将字体、段落和其他格式应用于域结果，使其融合在文档中。域也可以被锁定，断开与信息源的链接并被转换成不会改变的永久内容，当然也可以解除域锁定。

通过域可以提高文档的智能性，在无须人工干预的条件下自动完成任务，例如编排文档页码并统计总页数；按不同格式插入日期和时间并更新；通过链接和引用在活动文档中插入其他文档；自动编制目录、关键词索引、图表目录；实现邮件的自动合并与打印；创建标准格式分数、为汉字加注拼音等。

对于域的构成、域的分类、域的操作等内容，将在模块六中具体介绍。

技巧与提高

一、用一页纸打印多个邮件

利用Word"邮件合并"可以批量处理和打印邮件，很多情况下邮件很短，只占几行的空间，但是，打印时也要用整页纸，导致打印速度慢，并且浪费纸张。造成这种结果的原因是每个邮件之间都有一个"分节符"，使下一个邮件被指定到另一页。怎样才能用一页纸上打印多个短小邮件呢？其实很简单，先将数据和文档合并到新建文档，再把新建文档中的分节符（^b）全部替换成回车符（^p）。具体做法是单击"开始"→"编辑"→"替换"按钮，打开"查找和替换"对话框，如图3-68所示。在"查找内容"文本框中输入"^b"，在"替换为"文本框中输入"^p"，单击"全部替换"按钮，此后就可以在一页纸上打印出多个邮件。

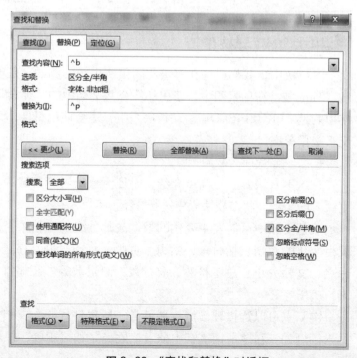

图3-68 "查找和替换"对话框

二、一次合并出内容不同的邮件

有时需要给不同的收件人发出内容大致相同，但是有些地方有区别的邮件。会议邀请函中，如果被邀请的对象职位是董事长，则在邀请函的最后加一句"请在前排就坐！"，对于其他职位的邀请函，则没有该句。怎样用同一个主文档和数据源合并出不同的邮件？选择"邮件"→"编写和插入域"→"规则"→"如果…那么…否则"，如图3-69所示。在打开对话框的"域名"中选择"职位"，"比较条件"选择"等于"，"比较对象"输入"董事长"，则插入此文字输入"请在前排就座！"，如图3-70所示。合并之后的数据效果如图3-71所示。

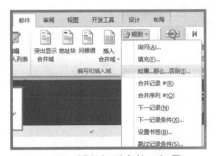

图 3-69　插入规则中的"如果…那么…否则"

图 3-70　IF 域对话框

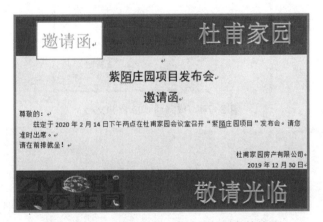

图 3-71　"如果…那么…否则"数据合并效果

创新作业

制作学生成绩通知单。要求如下：

①录入主文档：如图3-72所示录入学生成绩通知单主文档。

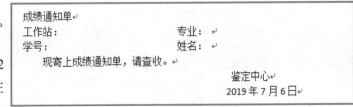

图 3-72　成绩通知单主文档

②录入数据源：如图3-73所示录入学生成绩单数据源。

A	B	C	D
工作站	专业	学号	姓名
唐山一运	企管	90220002	张成祥
仓州市	企管	90220003	张雷
仓州市交通局	财务	90220004	郑俊霞
廊坊	财务	90220005	马丽萍

图 3-73　成绩通知单数据源

③邮件合并：进行邮件合并，合并结果如图3-74所示。

成绩通知单
工作站：唐山一运　　专业：企管
学号：90220002　　姓名：张成祥
现寄上成绩通知单，请查收.
鉴定中心
2019年7月6日

成绩通知单
工作站：沧州市　　专业：企管
学号：90220003　　姓名：张雷
现寄上成绩通知单，请查收.
鉴定中心
2019年7月6日

成绩通知单
工作站：沧州市交通局　　专业：财务
学号：90220004　　姓名：郑俊霞
现寄上成绩通知单，请查收.
鉴定中心
2019年7月6日

成绩通知单
工作站：廊坊　　专业：财务
学号：90220005　　姓名：马丽萍
现寄上成绩通知单，请查收.
鉴定中心
2019年7月6日

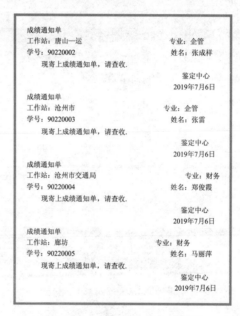

图 3-74　成绩通知单合并文档

模块四 新产品推广——PowerPoint 2016 演示文稿制作与应用

本模块将通过紫陌庄园项目推广演示文稿的制作，介绍演示文稿的创建、内容的添加、平面设计、动画设计、放映设置等内容。通过本模块的学习，读者可体验幻灯片制作的基本技术，理解幻灯片制作的基本理念和方法，理解幻灯片与演讲者演讲内容之间的关系。

幻灯片设计是集视觉艺术、演讲艺术、幻灯片制作艺术的综合视觉表达艺术。对于本模块内容，读者在掌握幻灯片制作基本技术的同时，要仔细体会幻灯片制作的基本理念和方法。

能力目标

- 根据任务的要求合理设计演示文稿的内容和组织结构。
- 根据演示文稿的内容快速创建一篇演示文稿。
- 根据演示文稿的内容合理应用设计模板、幻灯片版式。
- 幻灯片中配色方案的使用及编辑。
- 幻灯片中各种对象的插入与格式的设置及对象的编辑。
- 幻灯片中动画方案及自定义动画的实现。
- 幻灯片放映、排练计时、录制旁白的操作。
- 母版的编辑与修改。

项目一 新产品宣传演示文稿制作 ——PowerPoint 2016 制作技术

项目描述

紫陌庄园项目在程程和同事的努力下，组织工作进行得井然有序，产品发布会即将举行。由于前期程程在办公软件应用方面的出色表现，同时也为了让她更好地了解公司的业务，公司决定将杜甫家园公司开发的紫陌庄园别墅项目的推广幻灯片交给她来做。作为项目推广，重点要将本项目的特色体现出来，达到一定的宣传效果，所以要考虑如何通过幻灯片的设计技术展示本项目的特点。

整体效果图如图4-1所示。

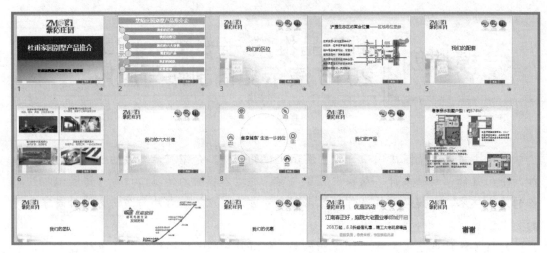

图 4-1　整体效果图

项目分析

本项目将设计紫陌庄园项目推广的演示文稿，虽然制作的难度不大，但是过程较为烦琐，涉及的知识点较多。本项目制作主要包括文本内容的描述和产品图片的展示。知识点主要涉及演示文稿的内容和组织结构设计、各种对象的插入和格式的设置及对象的编辑、对母版的设计与修改等。

●微课

初识
PowerPoint

●微课

首页设计与
制作

项目实现

在制作演示文稿时，一般按照一定的顺序进行设置。具体步骤如下：

①设计演示文稿的内容和组织结构。

②对幻灯片进行内容设计。

③向幻灯片中添加各种对象。

④设置统一风格。

下面根据以上的步骤，新建演示文稿和幻灯片，然后在幻灯片中输入文本并插入图片。具体操作如下：

启动PowerPoint 2016，选择"文件"→"新建"→"空白演示文稿"，将会出现图4-2所示窗口。这里默认情况就已有一张标题幻灯片，单击快速访问工具栏中的"保存"按钮，选择保存位置，将其命名为"房地产别墅产品推广.pptx"。

一、幻灯片首页设计

首页设计的相关知识点及实现方法请扫描二维码，打开相关视频进行学习。

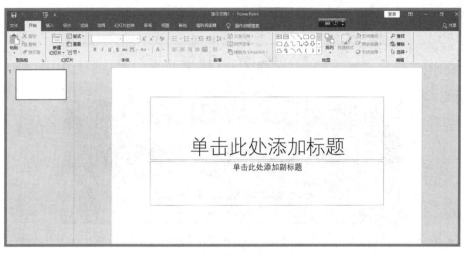

图 4-2　新建空白演示文稿

　　首页中，一定要把演示文稿的主题、作者、关键信息表达清楚。单击"插入"→"图像"→"图片"按钮，打开"插入图片"对话框（见图4-3），选择图片1.png选项，并单击"插入"按钮将图片插入幻灯片中，将其放置在如图4-4所示位置，将光标定位于标题文本占位符，输入"杜甫家园别墅产品推介"，为了突出效果这里对其文字加了一个矩形背景，单击"插入"→"插图"→"形状"按钮并选择矩形形状中的第一个，在如图4-4所示位置中绘制一个矩形条，将其颜色设置成和logo图片统一的颜色（深绿色），并将标题文本文字设置成白色。在标题矩形框下插入另一矩形框，设置矩形框填充色为绿色渐变，并输入"杜甫家园房产有限公司　销售部"，设置字体为"华文琥珀"，字号"28"，加粗，并设置对齐方式为居中。

图 4-3　"插入图片"对话框

完成之后，第一张幻灯片效果参见图4-4。

图4-4　第一张幻灯片效果

接下来，将通过设置幻灯片的母版，为所有版式的幻灯片添加背景图片。利用幻灯片的母版修改幻灯片共性的相关知识及实现方法，请扫描二维码进行学习。

幻灯片母版是包括字体、占位符大小或位置、背景设计和配色方案等的样式模板。当需要对幻灯片进行共性设置时，可以切换到幻灯片的母版视图，修改相关属性。在本项目中，将为所有版式的幻灯片添加一张背景图片。

单击"视图"→"母版视图"→"幻灯片母版"按钮，在打开的窗口中将出现所有版式幻灯片的模板。如果这个共同属性是针对所有幻灯片的版式，应该选择第一个模板，在编辑区完成背景图片的插入，如图4-5所示。

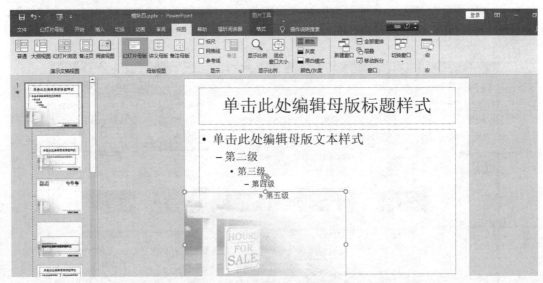

图4-5　在幻灯片母版视图插入所有幻灯片的背景图片

二、幻灯片目录页设计

目录页设计的相关知识点及实现方法请扫描二维码，打开相关视频进行学习。

设计幻灯片时，第二页一般都是目录页。目录页是演示文稿的核心页，在目录页中，应该给出演讲内容的纲要，并通过超链接形成对其他内容页面的管理。

下面介绍目录页的实现过程：

单击"开始"→"幻灯片"→"插入幻灯片"下拉按钮，选择"空白"版式的幻灯片。为了将幻灯片的目录做得更加规范和形象，单击"插入"→"插图"→SmartArt按钮，使用SmartArt来对纲要内容进行列述。SmartArt是Microsoft Office 2007及以后的版本中新加入的特性，用户可在PowerPoint、Word、Excel中使用该特性创建各种图形图表。SmartArt图形是信息和观点的视觉表示形式，可以通过从多种不同布局中进行选择来创建SmartArt图形，从而快速、轻松、有效地传达信息。"选择SmartArt图形"对话框图4-6所示。鉴于当前内容之间是一种列表关系，这里选择列表中的"垂直曲线列表"，因为要列述的内容有六项，在最后一项的位置右击，在快捷菜单中选择"添加形状"之"在后面添加形状"，重复上述步骤三次，从而形成六处文本框。在文本处输入6项纲要内容。为了保持幻灯片整体风格的统一，我们将文本框选中，单击右键，在快捷菜单中选择设置形状格式，填充色使用绿色纯色填充。将字体设置为白色，粗体，字号28，居中。

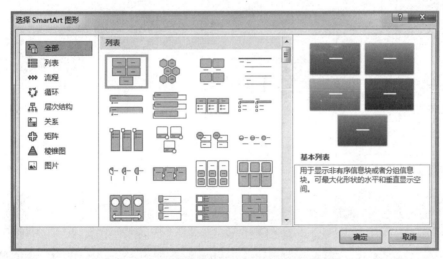

图 4-6　"选择 SmartArt 图形"对话框

在曲线处单击"插入"→"文本框"下拉按钮，选择"竖排文本框"，并输入"目录"两字。设置字体为"宋体"、字号为"60"，字体颜色为"绿色"。在SmartArt图形上方插入"横排文本框"，输入"紫陌庄园别墅产品推介会"，设置字体为"宋体"、字号为"40"，字体颜色为"白色"，填充色为"绿色"。效果图如图4-7所示。

三、介绍产品特点、设置母版效果图

目录页完成之后，从第三张幻灯片开始主要介绍产品的特点，共分为：我们的区位、我们的配套、我们的六大价值、我们的产品、我们的团队和优惠活动来介绍整个产品，所以三、五、七、九、十一张幻灯片都使用"标题和内容幻灯片"版式。

接下来将设置"标题和内容幻灯片"母版视图，为三、五、七、九、十一添加背景图片。单击"视图"→"幻灯片母版"按钮，打开"幻灯片母版"界面，选择"标题和内容"幻灯片母版，单击"插入"→"图像"→"图片"按钮，在合适的位置插入图片12.png、13.png、14.png和图片1.png。这里要将图片1.png置于图片14.png的下层，可以通过右击图片，从

图 4-7　目录页效果图

弹出的快捷菜单中选择"置于底层"和"置于顶层"命令来调整。效果图如图4-8所示。

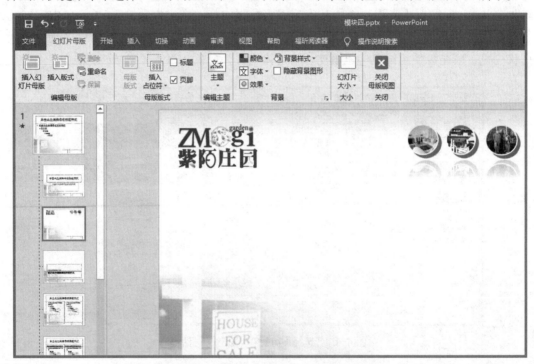

图 4-8　"标题和内容幻灯片"母版效果图

四、完成目录页与其他主题互访

为了完成目录页对其他主题页的管理，可以通过从弹出的双向超链接，完成目录页与其他主题页的互访。选择目录页中的文本框，右击，从弹出的快捷菜单中选择"超链接"命令，打开"插入超链接"对话框，如图4-9所示。超链接的对象有4种选择：一是链接到现有文件或网页；二是链接到本文档中的位置；三是链接到新建文档；四是链接到电子邮件地址。当然，现在的选择是第二项链接到本文档中的位置，再选择相应的主题页，这样就完成了目录页到主题页的跳转。

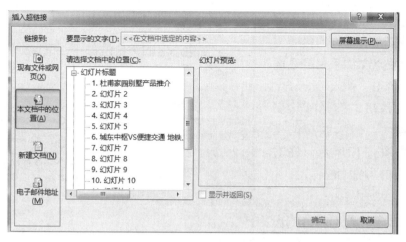

图4-9 "插入超链接"对话框

为了能够从其他页面跳转到目录页，可以在幻灯片母版中添加动作按钮。切换到幻灯片母版视图，在第一张幻灯片母版的右下角，单击"插入"→"形状"→"动作按钮"，如图4-10所示。分别插入"后退"按钮（链接到前一张）、"前进"按钮（链接到后一张）、"空白"按钮（链接到目录页），并在"空白"按钮处插入提示文本"目录"。为保持整体幻灯片风格的一致性，设置3个按钮的填充色为"绿色"，边框颜色为"白色"，效果如图4-11所示。

这样就完成了目录页和其他页面的自由跳转。

五、完成各内容页的设计

单主题幻灯片设计的相关知识点及实现方法请扫描二维码，打开相关视频进行学习。

在设计幻灯片时应以"图文并茂、色彩协调、美观大方"为原则，集文字、图形、图像、视频、音频等多种元素为一体。内容页中的"我们的区位"属于单主题幻灯片，这里选择上标题、左文字、右图片的版式。单击"开始"菜单下的"新建幻灯片"的

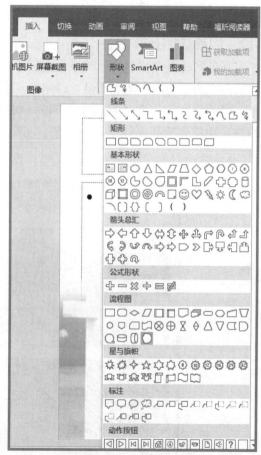

图4-10 动作按钮插入

微课●┈┈┈┈

幻灯片中如何表达一个主题

图4-11 按钮效果图

下三角，选择"只有标题"幻灯片，这里采用左右结构的排版方式，标题中重点文字采用颜色区分来强调，单击"插入"→"文本框"下拉按钮，选择"绘制横排文本框"，输入相应的文本，效果如图4-12所示。在右边采用前面的方法插入"图片3.png"。

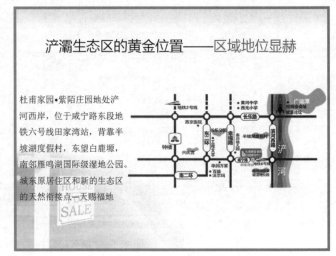

图 4-12　第四张幻灯片效果

六、完成多主题幻灯片的设计与制作

多主题幻灯片设计的相关知识点及实现方法请扫描二维码，打开相关视频进行学习。

● 微课

多主题幻灯片的设计

首先完成四主题幻灯片的设计与制作。这张幻灯片主要介绍产品的配套，所以内容比较多，为了使内容多而不乱，这里将其划分成四块。单击"插入"→"形状"→"线条"中的直线，用两条直线将页面划分成四块，分别为文本和图片的排版，对于文本的输入和图片的插入这里不再重复，可以参考前面几张幻灯片的做法。效果如图4-13所示。

图 4-13　四主题幻灯片效果

　　第八张幻灯片主要是介绍产品的六大价值，这里采用了环形的排版，单击"插入"→"形状"按钮，并选择基本形状中的椭圆，在幻灯片的中间位置按住【Shift】键，绘制一个圆，选中圆右击，选择"设置形状格式"命令，在填充颜色选择为白色，线条颜色设置为黄色，如图4-14所示。之后同上方法插入几张图片，位置如图4-15所示。

图4-14　设置形状格式浮动窗口　　　　图4-15　第八张幻灯片最终效果

　　第十张幻灯片也是采用"只有标题"的幻灯片版式，主要是文字和图片的排版，可参考前面的操作方法。效果如图4-16所示。

图4-16　第十张幻灯片的效果图

　　为了不使一张幻灯片文字过多，看起来像是记流水账一样，第十二张幻灯片采用了图表形式更直观地表达所要表达的内容。单击"插入"→"插图"→"图表"按钮，在图表类型对话框中选择"X Y散点图"中的第二种"带平滑线和数据标记的散点图"，如图4-17所示，之后在弹出的Excel表格中编辑数据如图4-18所示。选中插入的图表，单击图表右上侧的 ✚ 按钮，在图表元素对列表框（见图4-19）中，取消勾选坐标轴、图表标题、网格线。再单击右侧的 🖊 按钮，图表样式的"颜色"选项卡如图4-20所示，选择单色中的红色。在每个点附近，插入文本框，输入时间以及公司发生的事件。在幻灯片的左上角插入文本框，在文本框中输入相关文字，并设置每行文字的相关属性，让文字表现出并在幻灯片底部插入"图片10.png"。效果如图4-21所示。

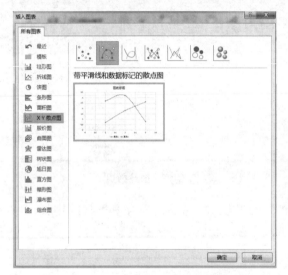

图 4-17　"插入图表"对话框

图 4-18　图表的数据编辑

图 4-19　图表元素选项

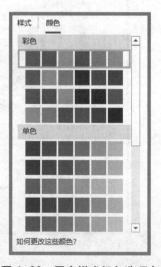

图 4-20　图表样式颜色选项卡

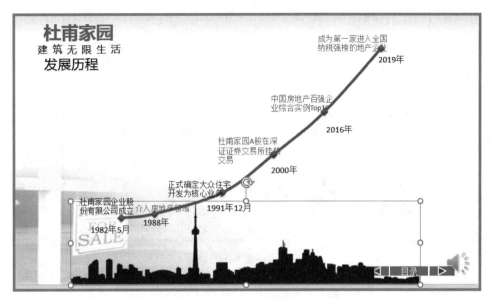

图 4-21　第十二张幻灯片的效果

七、设置文字

第十三张幻灯片使用"标题和内容"幻灯片，这张幻灯片主要介绍本次产品的一个优惠活动，这里主要是对文字进行排版，使用文字大小、加粗、颜色来区别主次关系，字体这里使用了常用的微软雅黑。具体效果如图4-22所示。

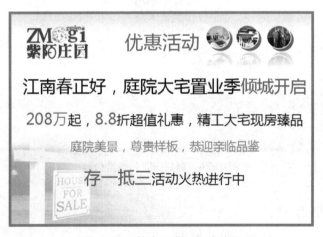

图 4-22　第十三张幻灯片效果

八、插入艺术文字

最后一张幻灯片主要是结束整个演讲，采用"标题和内容"幻灯片版式，单击"插入"→"艺术字"按钮，在弹出的列表框中选择一种艺术字体（见图4-23），并输入文字"谢谢"。最终效果如图4-24所示。

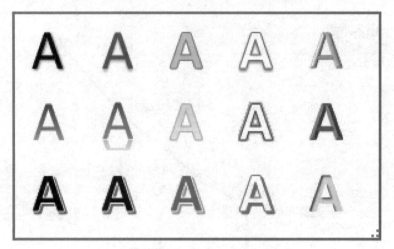

图 4-23　艺术字对话框

图 4-24　最后一张幻灯片效果

相关知识与技能

一、初识 PowerPoint 2016

PowerPoint 2016是Office 2016办公软件的组件之一，要想使用PowerPoint制作出漂亮的演示文稿，就必须先对PowerPoint 2016有所了解。

1. 启动与退出 PowerPoint 2016

在使用PowerPoint 2016制作演示文稿前，必须先启动PowerPoint 2016。当完成演示文稿制作后，不再需要使用该软件编辑演示文稿时就应退出PowerPoint 2016。

（1）启动PowerPoint 2016

启动PowerPoint 2016的方式有多种，用户可根据需要进行选择。常用的启动方式有如下几种：

①通过"开始"菜单启动：选择"开始"→"所有程序"→Microsoft Office→Microsoft Office PowerPoint 2016命令启动。

②通过桌面快捷图标启动：若在桌面上创建了PowerPoint 2016快捷图标，双击图标即可快速启动。

（2）退出PowerPoint 2016

当制作完成或不需要使用该软件编辑演示文稿时，可对软件执行退出操作，将其关闭。退出的方法：单击PowerPoint 2016工作界面标题栏右侧的"关闭"按钮━━或选择"文件"→"关闭"命令即可退出PowerPoint 2016。

2. 认识 PowerPoint 界面

PowerPoint 2016的工作界面与Word界面的下半部分已经完全不同，其下半部分由"幻灯片/大纲"窗格、幻灯片编辑区、状态栏和备注窗口组成，这4个部分是PowerPoint 2016的特色组成部分，也是主要操作区域。并且在状态栏中所显示的数据会根据当前"幻灯片/大纲"窗格中的幻灯片数量和相应主题变化，如图4-25所示。

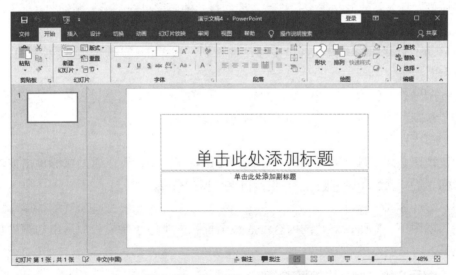

图 4-25　PowerPoint 2016 界面

PowerPoint 2016特有部分的作用介绍如下：

①"幻灯片/大纲"窗格：该窗格中，幻灯片将以缩略图的方式显示幻灯片。在此窗格中，幻灯片可以完成复制、粘贴、移动、删除等操作。

②幻灯片编辑区：用于显示和编辑幻灯片，是整个演示文稿的核心，所有幻灯片都通过它完成制作。

③备注窗口：供演讲者查阅该幻灯片信息，以及在播放演示文稿时对幻灯片添加说

明和注释。

④状态栏：状态栏的左侧显示了幻灯片的总张数和当前选择的张数，其后则显示了当前演示文稿的主题信息，右侧则为备注折叠按钮（单击可显示或关闭备注窗口）、批注浮动窗口按钮（单击可打开或关闭批注浮动窗口）、4个演示文稿视图按钮及显示比例卡尺。

3. 幻灯片的视图模式

（1）幻灯片视图

此视图是幻灯片的编辑视图。在该方式下，可以逐张对幻灯片的内容进行编辑与格式化。可以查看整张幻灯片，也可以改变显示比例，以放大幻灯片的某部分做细致的修改。

（2）幻灯片浏览视图

在此视图可以同时显示多张幻灯片，也可以看到整个演示文稿，因此可以轻松地添加、删除、复制和移动幻灯片。还可以使用"幻灯片浏览"工具栏中的按钮来设置幻灯片的放映时间，选择幻灯片的动画切换方式。在幻灯片浏览视图中，可以进行以下操作：

①选定幻灯片：单击某一张幻灯片，即可组合选择一张幻灯片；按下【Ctrl】键再单击要选择的幻灯片，即可选择多张幻灯片；按【Ctrl + A】组合键可选中所有幻灯片。

②插入幻灯片：将指针插入某张幻灯片后，单击"开始"→"新建幻灯片"按钮，即在鼠标位置插入新建的一张空幻灯片，该幻灯片的版式可选，编号顺延。

③删除幻灯片：选定一张幻灯片，按【Delete】键。

④移动幻灯片：拖动鼠标到需要移动的位置，或单击"开始"选项卡中的"剪切"和"粘贴"按钮。

⑤复制幻灯片副本：先选中一张幻灯片，按【Ctrl + D】组合键或单击"开始"选项卡中的"复制"和"粘贴"按钮，这张幻灯片就被复制了一份。

（3）阅读视图

阅读视图是以阅读视角显示幻灯片的。在这种视图中，可以通过鼠标单击或者单击右下方 ◉ 📄 ▶ 的上一张、下一张按钮来切换幻灯片。

（4）幻灯片放映视图

在该视图下，整张幻灯片的内容占满整个屏幕，类似于制成胶片后用幻灯机放映出来的效果。

二、演示文稿与幻灯片的基本操作

认识了PowerPoint 2016的工作界面后，还需要掌握演示文稿和幻灯片的基本操作，才能更好地制作演示文稿。下面就对演示文稿和幻灯片的基本操作进行讲解。

1. 创建新演示文稿

为了满足各种办公需要，PowerPoint 2016提供了多种创建演示文稿的方法，如创建空白演示文稿、利用模板创建演示文稿、使用主题创建演示文稿以及使用Office.com上的模板创建演示文稿等，下面就对这些创建方法进行讲解。

（1）创建空白演示文稿

启动PowerPoint 2016后，系统会自动新建一个空白演示文稿。除此之外，用户还可通过命令或快捷菜单创建空白演示文稿。其操作方法分别如下：

①通过快捷菜单创建：右击桌面空白处，在弹出的快捷菜单中选择"新建"→"Microsoft PowerPoint演示文稿"命令，在桌面上将新建一个空白演示文稿。

②通过命令创建：启动PowerPoint 2016后，选择"文件"→"新建"命令，单击"空白演示文稿"图标，即可创建一个空白演示文稿。

（2）利用模板创建演示文稿

模板下载与应用的相关知识点与操作步骤，请扫描二维码进行学习：

对于时间不宽裕或者不知如何制作演示文稿的用户来说，可利用ffice.com上的模板进行创建。其方法是：选择："文件"→"新建"命令，在"Office.com模板"栏中单击需要下载的主题，在对话框中对配色方案进行选择之后，单击"创建"，就可以从"office.com"网站下载相关主题的模板，如图4-26所示。

图4-26 新建演示文稿时使用模板

目前，千图网、办图网、PPT模板网等网站都可以提供幻灯片模板下载。用户在选择相应主题的模板之后，可根据自己的需要来修改模板。当然，在修改模板时，一定要按照模板的相关提示来替换图片与文本内容。

2. 打开演示文稿

当需要对现有的演示文稿进行编辑和查看时，需要将其打开。打开演示文稿的方式有多种，如果未启动PowerPoint 2016，可直接双击需打开的演示文稿图标。启动PowerPoint 2016后，可分为以下几种情况来打开演示文稿。

①打开一般演示文稿：启动PowerPoint 2016后，选择"文件"→"打开"命令，选择需要打开的演示文稿，即可打开选择的演示文稿。

②打开最近使用的演示文稿：PowerPoint 2016提供了记录最近打开演示文稿保存路

径的功能。如果想打开刚关闭的演示文稿，可选择"文件"→"打开"→"最近"命令，将显示最近使用的演示文稿名称和保存路径，然后选择需打开的演示文稿完成操作。

3. 保存演示文稿

对制作好的演示文稿需要及时保存在计算机中，以免发生遗失或误操作。保存演示文稿的方法有很多，下面将分别进行介绍。

①直接保存演示文稿：直接保存演示文稿是最常用的保存方法。其方法是：选择"文件"→"保存"命令或单击快速访问工具栏中的"保存"按钮 ，单击"浏览"按钮，打开"另存为"对话框，选择保存位置并输入文件名，单击"保存"按钮。

②另存为演示文稿：若不想改变原有演示文稿中的内容，可通过"另存为"命令将演示文稿保存在其他位置。其方法是：选择"文件"→"另存为"命令，单击"浏览"按钮打开"另存为"对话框，设置保存的位置和文件名，单击"保存"按钮。

③将演示文稿保存为模板：为了提高工作效率，可根据需要将制作好的演示文稿保存为模板，以备以后制作同类演示文稿时使用。其方法是：选择"文件"→"保存"命令，单击"浏览"按钮打开"另存为"对话框，在"保存类型"下拉列表框中选择"PowerPoint模板"选项，单击"保存"按钮。

④自动保存演示文稿：在制作演示文稿的过程中，为了减少不必要的损失，可为正在编辑的演示文稿设置定时保存。其方法是：选择"文件"→"选项"命令，打开"PowerPoint选项"对话框，选择"保存"选项，设置好后单击"确定"按钮。

4. 关闭演示文稿

对打开的演示文稿编辑完成后，若不再需要对演示文稿进行其他操作，可将其关闭。关闭演示文稿的常用方法有以下几种：

①通过快捷菜单关闭：在PowerPoint 2016工作界面标题栏上右击，在弹出的快捷菜单中选择"关闭"命令。

②单击按钮关闭：单击PowerPoint 2016工作界面标题栏右上角的 按钮，关闭演示文稿并退出PowerPoint程序。

③通过命令关闭：在打开的演示文稿中选择"文件"→"关闭"命令，关闭当前演示文稿。

5. 新建幻灯片

演示文稿是由多张幻灯片组成的，用户可以根据需要在演示文稿的任意位置新建幻灯片。常用的新建幻灯片的方法主要有如下两种：

①通过快捷菜单新建幻灯片：启动PowerPoint 2016，在新建的空白演示文稿的"幻灯片"窗格空白处右击，在弹出的快捷菜单中选择"新建幻灯片"命令，如图4-27所示。

②通过菜单新建幻灯片：启动PowerPoint 2016，单击"开始"→"幻灯片"→"新建幻灯片"下拉按钮，在弹出的下拉列表中选择新建幻灯片的版式，如图4-28所示，新建一张带有版式的幻灯片。

图 4-27　新建幻灯片

图 4-28　选择幻灯片版式

6. 移动和复制幻灯片

制作的演示文稿可根据需要对各幻灯片的顺序进行调整。在制作演示文稿的过程中，若制作的幻灯片与某张幻灯片非常相似，可复制该幻灯片后再对其进行编辑，这样既能节省时间又能提高工作效率。

①通过鼠标拖动移动和复制幻灯片：选择需移动的幻灯片，按住鼠标左键不放拖动到目标位置后释放鼠标完成移动操作，选择幻灯片后，按住【Ctrl】键的同时拖动到目标位置可实现幻灯片的复制。

②通过菜单命令移动和复制幻灯片：选择需移动或复制的幻灯片，右击，在弹出的快捷菜单中选择"剪切"或"复制"命令，然后将鼠标定位到目标位置，右击，在弹出的快捷菜单中选择"粘贴"命令，完成移动或复制幻灯片。

7. 删除幻灯片

在幻灯片浏览视图中可对演示文稿中多余的幻灯片进行删除。其方法是：选择需删除的幻灯片后，按【Delete】键或右击，在弹出的快捷菜单中选择"删除幻灯片"命令。

三、文本的处理和段落格式的设置

演示文稿是由一系列组织在一起的幻灯片组成，每张幻灯片可以有独立的标题、说明文字、图片、声音、图像、表格、艺术字和组织结构图等元素。用"设计模板和主题"创建的演示文稿中只有一些提示性文字，在输入文本或插入图形和图表后才能创建出完整的演示文稿。

处理文本的基本方法主要包括添加文本、文本编辑、设置文本格式。

1. 文本的添加

（1）在占位符中添加文本

使用自动版式创建的新幻灯片中，有一些虚线方框，它们是各种对象（如幻灯片标题、文本、图表、表格、组织结构图和剪贴画）的占位符，其中幻灯片标题和文本的占位符内，可添加文字内容。在占位符中添加文本，在创建前面的演示文稿文件时已经应用过，不再赘述。

（2）使用文本框添加文本

如果希望自己设置幻灯片的布局，在创建新幻灯片时选择了空白幻灯片，或者要在幻灯片的占位符之外添加文本，可以单击"插入"→"文本框"下拉按钮，选择"绘制横排文本框"和"竖排文本框"进行添加。

（3）自选图形中添加文本

在PowerPoint 2016中，使用"绘图"按钮，绘制和插入图形是一件非常轻松的事情了。用户可以根据需要选择绘制线条、矩形、基本形状、箭头、公式形状、流程图、星与旗帜以及标注等不同类型的图形工具。

（4）输入艺术字

文本框和占位符中的文本只能设置单纯的字体格式，不能设置漂亮的艺术字样式，单击"插入"→"文本"→"艺术字"按钮，在弹出的下拉列表中选择需要的艺术字样式，系统自动在幻灯片插入一个占位符，并显示"请在此放置您的文字"，直接添加文本即可添加艺术字。

2．文本的编辑

在创建演示文稿过程中，总要对它进行编辑。文字处理的最基本编辑技术是删除、复制和移动等操作，在进行这些操作之前，必须选择所要编辑的文本。有关文本的复制、删除、移动、查找与替换、撤销与重做等内容，在介绍文字处理软件、表格处理软件中均有介绍，在此不再重复。在创建幻灯片的过程中，要熟练掌握，灵活使用。

3．文本格式的设置

在PowerPoint 2016中，可以给文本设置各种属性，如字体、字号、字形、颜色和阴影等，或者设置项目符号，使文本看起来更有条理、更整齐。给段落设置对齐方式、段落行距和间距使文本看起来更错落有致。还可以给文本框设置不同效果，在"开始"选项卡"绘图"组中，选中需要设置的文本框，根据形状填充、形状轮廓和形状效果对选中的文本框进行修改。

在演示文稿中，除了可以设置字符的格式外，还可以设置段落的格式、段落的对齐方式、段落缩进和进行行距调整等。在PowerPoint 2016中，段落的概念是用于说明带有一个回车符的文字，每个段落可以拥有自己的格式。

四、幻灯片中对象的插入与编辑

幻灯片中的对象包含很多内容，如图片、表格、图表、SmartArt、声音、影片等。

1．添加图片

制作幻灯片过程中，有时还可使用插入图片功能使制作出来的幻灯片图文并茂，对于插入对象的编辑操作只要右击图片，选择"设置图片格式"命令，打开其设置窗格根据需要进行设置即可。可以直接使用图片的编辑、美化功能，更加方便、快捷地制作出个性演示文稿。

2. 添加 SmartArt 图形

SmartArt图形可以直观地表现出文本内容之间的联系，而且更加美观，可以为幻灯片增添不少魅力。

选中要转换成SmartArt图形的文本，单击"开始"选型卡中的"转换为SmartArt"按钮，选择"其他SmartArt图形"，如图4-29所示。

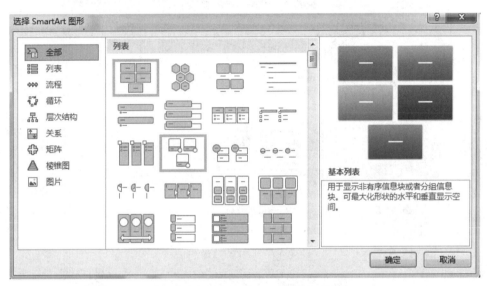

图 4-29 "选择 SmartArt 图形"对话框

可以通过"设计"选项卡对SmartArt进行各种设计。单击"SmartArt工具"→"设计"→"SmartArt样式"→"更改颜色"按钮，在弹出的下拉列表框中选择想要的颜色选项，并选择合适SmartArt样式。在最右侧还有转换按钮，可以将文本转换为形状，也可以将形状转换为文本，如图4-30所示。

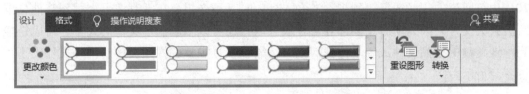

图 4-30 设置 SmartArt 颜色和样式

3. 添加表格

在数据较多的情况下，使用表格可方便地引用、分析或辅助幻灯片中的其他内容。有两种方法，操作方式与添加图一样。

①通过菜单命令插入。

②通过占位符插入。

4．添加图表

插入图表并对图表中的数据进行修改后，图表就能反映数据问题。在幻灯片中插入图表的方法和插入表格、图片的方法相似。

单击"插入"→"插图"→"图表"按钮，打开"插入图表"对话框，根据需要选择合适的模板插入，如图4-31所示。

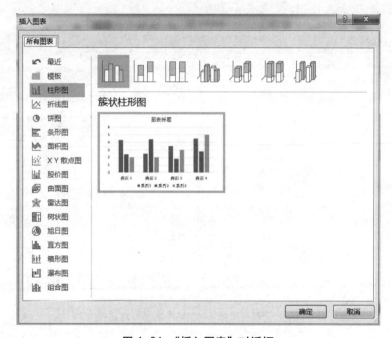

图 4-31　"插入图表"对话框

对于插入对象的编辑都是直接右击，选择"设置对象格式"命令来进行编辑。

5．添加视频

在操作演示文稿过程中，有时希望播放视频文件来增加演示的效果，在PowerPoint 2016中可以嵌入视频或链接到视频。嵌入视频时，不必担心在复制演示文稿到其他位置时会丢失文件，因为所有文件都各自存放。用户还可以限制演示文稿的大小，可以链接到本地硬盘的视频文件或者上传到网站（优酷、土豆等）的视频文件。视频文件类型如图4-32所示。

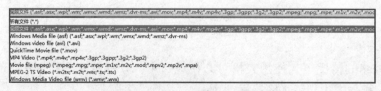

图 4-32　所支持的视频、音频文件

图4-32　所支持的视频、音频文件（续）

6. 插入页眉页脚

用户可以利用页眉和页脚来为每张幻灯片添加日期、时间、编号和页码等，具体操作方法：单击"插入"→"文本"→"页眉页脚"按钮，打开如图4-33所示的"页眉和页脚"对话框，可以根据自己的需要进行设置。

图4-33　"页眉和页脚"对话框

五、设计幻灯片

PowerPoint 2016功能十分强大，可以制作带有个性的幻灯片，例如，可以进行如下设置：设置幻灯片背景、应用并设置幻灯片主题和幻灯片的页面设置。幻灯片中的"设计"选项卡主要用于对幻灯片的视觉进行调整，如图4-34所示。

图4-34　"设计"选项卡

1. 设计自定义背景格式

PowerPoint 2016专门提供了对背景格式的设置方法。用户可以通过更改幻灯片的颜色、阴影、图案或者纹理，改变幻灯片的背景格式。当然，用户也可以通过使用图片作为幻灯片的背景，不过在幻灯片或者母版上只能使用一种背景类型，如图4-35所示。

2. 幻灯片大小设置

单击"设计"→"自定义"→"幻灯片大小"→"自定义幻灯片大小"进行设置，如图4-36所示。其中幻灯片方向一般为横向和纵向，默认为横向。由于当前主流显示器都是横向宽度大于高度的，所以横向的幻灯片显示清楚，信息量大；纵向的幻灯片在播放时左右两边将不能有效使用。

图4-35 设置背景格式浮动窗口　　　　　　图4-36 "幻灯片大小"对话框

3. 应用并设置幻灯片主题

在制作演示文稿的过程中，使用模板或应用主题，不仅可提高制作演示文稿的速度，还能为演示文稿设置统一的背景、外观，使整个演示文稿风格统一。

在PowerPoint 2016中预设了多种主题样式，用户可根据需要进行选择，这样可快速为演示文稿设置统一的外观。其方法是：打开演示文稿，选择"设计"→"主题"组，在"主题选项"栏中选择所需的主题样式，如图4-37所示。

图4-37 主题栏

六、母版的制作与编辑

幻灯片母版是存储关于模板信息的设计模板的一个元素，这些模板信息包括字形、占位符大小、位置、背景设计和配色方案。PowerPoint 2016演示文稿中的每一个关键组件都拥有一个母版，如幻灯片、备注和讲义。母版是一类特殊的幻灯片，幻灯片母版控制了某些文本特征，如字体、字号、字形和文本的颜色；还控制了背景色和某些特殊效果，如阴影和项目符号样式；包含在母版中的图形及文字将会出现在每一张幻灯片及备注中。所以，如果在一个演示文稿中使用幻灯片母版的功能，就可以做到整个演示文稿格式统一，可以减少工作量，提高工作效率。使用母版功能可以更改以下几方面的设置：

①标题、正文和页脚文本的字形。

②文本和对象的占位符位置。

③项目符号样式。

④背景设计和配色方案。

幻灯片母版的目的是对幻灯片进行全局更改（如替换字形），并使该更改应用到演示文稿中的所有幻灯片。

可以像更改任何幻灯片一样更改幻灯片母版。幻灯片母版中各占位符的功能如下：

①自动版式的标题区：用于设置演示文稿中所有幻灯片的标题文字格式、位置和大小。

②自动版式的对象区：用于设置幻灯片的所有对象格式，以及各级文本的文字格式、位置和大小以及项目符号的格式。

③日期区：用于给演示文稿中的每一张幻灯片自动添加日期，并决定日期的位置、日期文本的格式。

④页脚区：用于给演示文稿中的每一张幻灯片添加页脚，并决定页脚文字的格式。

⑤数字区：用于给演示文稿中的每一张幻灯片自动添加序号，并决定序号的位置、序号文字的格式。

单击"视图"→"母版视图"→"幻灯片母版"按钮，打开幻灯片母版模式（见图4-38），可以对不同的版式设置不同的母版样式。

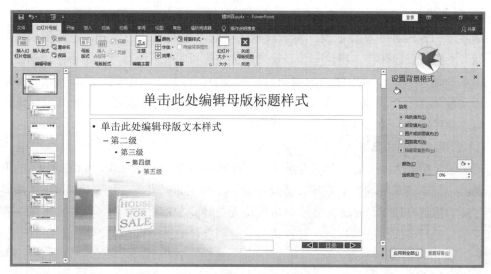

图4-38　幻灯片母版视图

技巧与提高

演示是一门沟通的科学，主要是为了更好地与观众沟通。所以，制作时不能过于注重PPT的花哨的外表，而忽视对PPT内涵的修炼。所以，在制作之前要注意以下几点：

①PPT不能当讲稿。

②PPT不能无组织。

③保持观众注意力。

④PPT不要过于华丽。

一、PPT 制作的一般技巧

1. 设计先于一切

在制作开始之前，应经过仔细思考：其一要对自己掌握的资料进行充分的归纳和分析，找到一条清晰的逻辑主线，构建PPT的整体框架，确定PPT各章节的顺序安排；其二是根据PPT使用场合确定整个PPT的风格，继而确定主题配色和主题字体、完成母版和导航系统的设计。

2. PPT 内容制作

要将PPT内容视觉化，可将表格中的数据信息转变成更直观的饼形图、柱形图、条形图、折线图等，将文字删减、条例化后根据其内在的并列、递进、冲突、总分等逻辑关系制成对应的图表，尝试将复杂的原理通过进程图和示意图等表达。

3. PPT 的排版和美化

排版是对信息的进一步组织。根据接近、对齐、重复、对比四个原则，区分出信息的层次和要点，通过点、线、面三种要素对页面进行修饰，并通过稳定和变化改善页面版式，使其更有美感。

4. 动画设置

动画是引导读者的重要手段。本阶段除了完成对元素动画的设计，还要根据需要制作自然、无缝的页面切换。在这一步，必须首先根据PPT使用场合考虑是否使用动画，而后谨慎选择动画形式。套用他人的动画可能很省力，但并不一定完全适合自己，必须抵制绚丽动画的诱惑，避免华而不实的动画效果。动画完成之后需要多放映几遍仔细地检查，修改顺序错误的动画以及看起来稍显做作的动画。

5. 讲稿、计时和排练

对于演示型PPT，这是绝对不能跳过的、非常需要重视的第一步，如果对PPT的内容还不熟练，记不清动画的先后顺序，甚至准备站在台上即兴发挥，那么PPT做得再漂亮也帮不了你，因此在PPT完成后，演示者应该花大量时间在每页PPT的备注中写下每一页的详细讲稿，然后多次排练、及时、修改讲稿，直到能够熟练、并且自然地背出这些讲稿。

二、演示文稿图文排版

为了使文字与图片在幻灯片中看起来更加协调并易于阅读，应注意一些搭配技巧。

1. 文字搭配技巧

标题和正文文字尽量选中正规文字，如标题使用黑体、方正粗体；正文使用微软雅黑、宋体等，字号方面，正文的字号最小应不小于18号。

2. 图片搭配技巧

一般演示文稿图片不宜过多，配有意义的、关键的图片，还应注意与模板的色调配合。如里一张幻灯片中有多张图片，应注意图片的排列方式，不要过于凌乱。

三、色彩搭配

PPT设计中，色彩不可过多，当然色彩教程除外，整个文稿中的色彩在一个主基调下进行变动，做到前后统一，格调鲜明。一般深色背景配浅色字体，或者浅色背景配深色字体，对比性要强。如果字体与背景颜色相近观者会看不清楚，影响文稿效果。另外，文稿播放一般是使用投影仪将幻灯片投影在幕布上，幕布上的显示效果和计算机显示器的显示效果有很大的差别。如果需要投影在幕布上使用，色彩的基调和对比要根据在幕布上的显示效果来确定。

四、PPT 设计常见误区

1. 把 PPT 当作发言稿来撰写

当内容特别多时，可以提炼主要内容点显示，而不可把所有内容放置在一张PPT上，这样让人觉得很厌烦，无法继续观看下去。尤其是很多人在设计时，文字一多就把字体设置得很小，这样一来无法传授主要的内容点，又让人觉得视觉疲劳。

2. 字体颜色与背景颜色混为一体

字体颜色和背景颜色必须对比度很强，这样才能让信息一目了然。

3. 塞满了各种图表和曲线

为了提高视觉化的效果，经常会把概念或数据翻译成图的形式来显示，但是有很多时候PPT上有很多精美的图表和曲线，但看起来总是觉得很别扭。所以一定要简化，让观众不会产生视觉疲劳，一张PPT中内容绝对不能过多。

4. 使用标准模板

为了方便很多时候用户都会到网上去下载一个模板，但是模板没有标准的，所以更多时候要根据制作内容来选择设计模板，并根据需要来修改模板。

创新作业

根据素材文件夹中的"菊花展"制作一个演示文稿。

项目二　新产品宣传演示文稿放映
——PowerPoint 2016 放映技术

项目描述

程程基本完成了紫陌庄园项目推广的幻灯片设计与制作，但这只是设计的初步。幻灯片的作用第一是提纲挈领地表达演讲者的意图；第二是对演讲者所讲的内容用图片、图表等形象化的表达方式补充语言、文字表达的不足；第三是适当使用各种放映技巧和动画效果，吸引观众的注意力，从而增强与观众的现场互动。

接下来的任务是在项目一中已经设计完成的幻灯片的基础上，对幻灯片进行动画设计和放映技术设计。

项目分析

前面项目一中"房地产别墅产品推广.pptx"演示文稿基本制作完成，为了让演讲者演讲时更加生动，还要让演示文稿动起来，需要对演示文稿中的幻灯片以及幻灯片中的对象设置动画效果。用户可根据文稿的需要，为其应用适当的动画效果。对于最后幻灯片放映则可以按照预设的演讲者放映方式来放映幻灯片，也可以对放映方式和过程有不同的需求，如排练计时、隐藏\显示幻灯片和录制旁白等，演讲者可以对幻灯片的放映情况进行具体设置。

项目实现

本项目主要通过设置动画效果和对幻灯片放映方式的设置来实现。

一、幻灯片对象动画设置

幻灯片动画设计的相关知识点及实现方法请扫描二维码，打开相关视频进行学习。

①选择第一张幻灯片，选中"杜甫家园别墅产品推介"文本框，单击"动画""选项卡""动画"组右侧的"其他"按钮，可以预览动画效果，如图4-39所示。对于"杜甫家园房产有限公司 销售部"所在的文本框，再次添加动画效果。此时，如果在列出的效果中没有合适的，可以，选择"更多进入效果"命令，在此选择"升起"效果（见图4-40所示）。单击"动画"→"高级动画"→"动画窗格"按钮，打开动画窗格浮动窗口。在第二个动画进入效果后，单击右侧的下拉按钮，打开效果选项对话框（见图4-41），用以设置升起的声音效果，同时还可以进行"计时"的设置。

●微课

幻灯片的动画设计

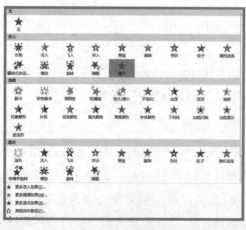

图4-39　动画效果

图4-40　更多进入效果

图 4-41　效果选项对话框

②第六张幻灯片中选择水平和垂直直线，单击"动画"右下角处的"其他"下拉按钮，选择更多的强调效果，这里选择"加深"，如图4-42所示。

图 4-42　"添加强调效果"对话框

③选择第八张幻灯片中的圆，单击"动画"右下角的"其他"下拉按钮，先选择进入中的"轮子"效果，之后选择更多退出效果，如图4-43所示。这里选择"细微"中的"旋转"。在幻灯片中可以对同一对象使用多种动画效果。

④在第十二张幻灯片，选择"1982年5月"所在的文本框，单击"动画"右下角的"其他"下拉按钮，选择进入中的"飞入"。单击"效果选项"（见图4-44），选择"自底部"。选择"杜甫家园企业股份有限公司成立"文本框，设置其动画效果为顶部飞入。依次设置其他时间文本框、事件文本框的动画效果。最后选择"建筑无限生活发展历程"文本框，选择其他动作路径中的"等边三角形"。当然，除了预设好的动作效果，用户也可以自己动手制作不同形状、不同规则的动作路径，如图4-45所示。

图 4-43　"添加退出效果"对话框

图 4-44 "效果选项"列表框　　　　图 4-45 "更改动作路径"对话框

二、幻灯片切换效果设置

幻灯片切换相关知识点及实现方法请扫描二维码，打开相关视频进行学习。

①选择第一张幻灯片，单击"切换"选项卡"切换到此幻灯片"右下角的"其他"下拉按钮，打开如图4-46所示的列表框。切换效果分为细微型、华丽型和动态内容，在此选择"旋转"。幻灯片的切换既可以通过鼠标单击，也可以通过设置自动换片时间。可以选择幻灯片切换的声音，如图4-47所示。所有这些设置，默认应用到当前幻灯片。单击"计时"组中的"应用到全部"按钮，可将所有设置应用到所有的幻灯片。

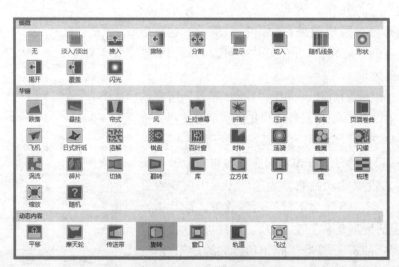

图 4-46 切换列表框

②幻灯片的切换可以通过动画的方式，增进幻灯片的趣味性和互动性，但同时，幻灯片的切换是需要时间的，演讲者在演讲时必须考虑到切换的时间成本。

三、幻灯片设计

幻灯片设计的相关知识点及实现方法请扫描二维码，打开相关视频进行学习。

①通过幻灯片的设计选项卡，可以选择幻灯片的主题。幻灯片的主题是包含了颜色、字体、效果、背景样式等的模板。单击"设计"选项卡"主题"组右下侧的"其他"下拉按钮，打开Office主题组，选择其中的"大都市"主题，如图4-48所示。可将主题应用到所有幻灯片中。

图 4-47　幻灯片切换
列表对话框

微课 ●
幻灯片模板选择与应用

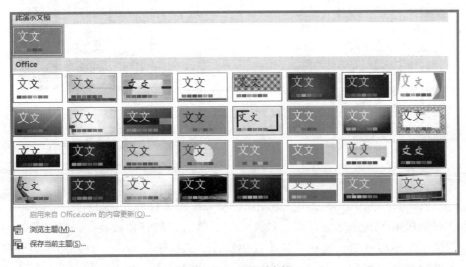

图 4-48　主题列表框

②选择主题之后，可以单击"设计"→"变体"右侧的"其他"下拉按钮，选择"颜色"→"灰度"颜色系列，如图4-49所示。选择"变体"组中"字体"→"黑体"，如图4-50所示。选择"变体"组中的"效果"中的"细微固体"，如图4-51所示。选择"变体"组中的"背景样式"中的"样式6".如图4-52所示。

图 4-49　颜色列表框

图 4-50　字体列表框

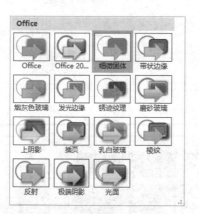

图 4-51　效果列表框

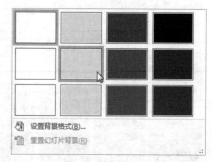

图 4-52　背景列表框

四、幻灯片的播放技巧

幻灯片放映的相关知识点及实现方法请扫描二维码，打开相关视频进行学习。

①在普通视图下，选择第六张幻灯片，然后单击"幻灯片放映"→"设置"→"录制幻灯片演示"下拉按钮，选择"从当前幻灯片开始录制"命令，打开如图4-53所示对话框。选择好想要录制的内容后，单击"开始录制"按钮，则进入幻灯片放映方式，此时可以开始录制旁白。

②在录制旁白的过程中，可以通过右击，在弹出的快捷菜单中选择"暂停录制"或"结束放映"命令，暂停或退出录制状态，如图4-54所示。

③退出后视图状态变化为幻灯片视图。

图 4-53 "录制幻灯片演示"对话框

图 4-54 "暂停录制""结束放映"控制

④排练计时前，单击"幻灯片放映"→"设置"→"设置幻灯片放映"按钮，打开"设置放映方式"对话框，（见图4-55），选择要放映类型同时设置放映内容。根据要求从第一张幻灯片开始进行排练，第五张幻灯片排练结束时结束幻灯片的放映，则放映幻灯片选择从1到5，然后单击"确定"按钮。

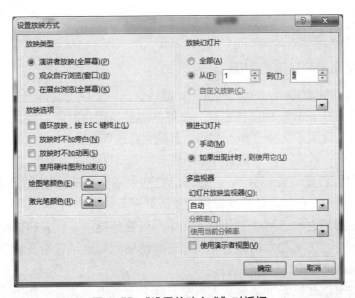

图 4-55 "设置放映方式"对话框

⑤单击"幻灯片放映"→"设置"→"排练计时"按钮，进入幻灯片播放并计时状态，计时窗口如图4-56所示。到第五张幻灯片播放结束后，根据之前的设置，此时结束放映，并出现如图4-57所示的对话框。

图 4-56 排练计时状态

图 4-57 结束放映后是否保存计时时间

设置了计时的幻灯片在幻灯片浏览视图下的效果如图4-58所示。

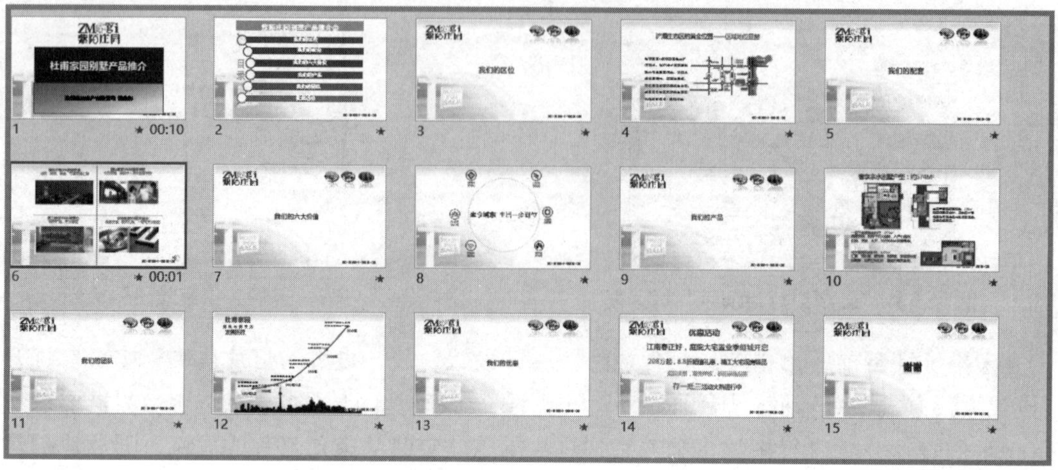

图 4-58 浏览视图下的效果图

相关知识与技能

一、演示文稿中超链接的使用

用PowerPoint制作的演示文稿在播放时，默认情况下是按幻灯片的先后顺序放映，但完全可以在幻灯片中设计一种链接方式，使得单击某一对象时能够跳转到预先设置的任意一张幻灯片、其他演示文稿、Word文档、其他文件或Web页。

创建超链接时，起点可以是幻灯片中的任何对象（文本或图形），激活超链接的动作可以是"单击鼠标"或"鼠标移过"，还可以把两个不同的动作指定给同一个对象，例如，使用单击激活一个链接，使用鼠标移动激活另一个链接。

如果文本在图形之中，可分别为文本和图形设置超链接，代表超链接的文本会添加下画线，并显示配色方案指定的颜色，从超链接跳转到其他位置后，颜色就会改变，这样就可以通过颜色来分辨访问过的链接。

通过超链接可以使演示文稿具有人机交互性，大大提高其表现能力，被广泛应用于教学、报告会、产品演示等方面。

在幻灯片中添加超链接有两种方式：设置动作按钮和通过将某个对象作为超链接点建立超链接。

1. 插入超链接的方法

①单击"插入"→"链接"。

②在要插入超链接的对象上右击，在弹出的快捷菜单中选择"超链接"命令。

2. 超链接的编辑和删除

在超链接的文本或对象上右击，在弹出的快捷菜单中选择"编辑链接"，可以对超链接进行编辑，编辑超链接与"插入超链接"的对话框相同。

在超链接的文本或对象上右击，在弹出的快捷菜单中选择"删除链接"命令。

二、演示文稿中动画效果的设置

动画效果是PowerPoint 2016中最吸引人的地方，前面制作的演示文稿都是静态的，如果只让观众看一些静止的文字，时间长了就会让人产生昏昏欲睡的感觉。PowerPoint 2016中有以下4种不同类型的动画效果：

①"进入"效果：例如，可以使对象逐渐淡入焦点、从边缘飞入幻灯片或者跳入视图中。

②"退出"效果：包括使对象飞出幻灯片、从视图中消失或者从幻灯片旋出。

③"强调"效果：效果示例包括使对象缩小或放大、更改颜色或沿着其中心旋转。

④动作路径：使用这些效果可以使对象上下移动、左右移动或者沿着星形或圆形图案移动。

当然，可以单独使用任何一种动画，也可以将多种效果组合在一起。例如，可以对一个文本应用"强调"进入效果及"陀螺旋"强调效果，使其旋转起来。

在PowerPoint 2016中，可以利用"动画"添加任意动画效果，并且可以自定义动画效果，如图4-59所示。

图4-59 动画栏

①动画效果：某些动画有多种选择效果，当选中这些动画时，动画列表栏右侧"效果选项"会自动激活，并明示当前使用的效果，单击其下拉按钮可以选择不同的动画效果。

②添加动画：为选定目标添加动画效果，如果所选目标已经设置有动画效果，则可以为目标添加更多个效果，

③动画窗格：单击此按钮或单击添加动画后的文档旁边的数字（动画在当前幻灯片中显示的顺序），可以打开"动画窗格"，在此可以对动画进行详细设置。列表框中已经添加动画的所有内容，分别以显示序号列出，当对同一文档添加多个动画模式时，将在同一序号下依次列出，如图4-60所示。

鼠标拖动每个动画后的进度条，可以对动画播放时间进行实时调整，单位精确到0.1s；单击每个动画后的下拉按钮，在弹出菜单（见图4-61）中选择动画的切换方式及效果时间。在动画窗格左键拖动各个动画可调整动画的播放顺序。单击播放可以对当前页中的动画实时预览。

单击"动画刷"按钮可以将设置好的动画格式复制到多个目标中。

图 4-60　动画窗格对话框

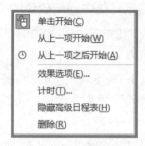

图 4-61　效果设置

三、幻灯片切换

幻灯片的切换是指从一张幻灯片变换到另一张幻灯片的过程，是向幻灯片添加视觉效果的另一种方式，也称为换页。如果没有设置幻灯片切换效果，则放映时单击鼠标切换到下一张，而幻灯片切换效果是在演示期间从一张幻灯片移到下一张幻灯片时在幻灯片放映时出现的动画效果，可以控制切换效果的速度，添加声音，甚至还可以对切换效果的属性进行自定义。单击"切换"选项卡（见图4-62），在此可以选择合适的切换效果，并可以对效果进行设置，如图4-63所示。在切换栏中还可以设置切换声音、排练计时和换片方式等。

图 4-62　幻灯片切换栏

四、幻灯片放映

当演讲人不能出席演示文稿会议时，或需要自动放映演示文稿，或其他人从Internet上直接访问演示文稿时，可以在放映演示文稿时添加旁白。旁白是指演讲者对演示文稿的解释，在播放幻灯片的过程中可以同时播放声音。要想录制和收听旁白，要求计算机要有声卡、扬声器和传声器。

图 4-63　效果选项

如果对幻灯片的整体放映时间难以把握，或者放映有旁白的幻灯片，或者每隔多长时间自动切换幻灯片，这时采用排练计时功能来设置演示文稿的自动放映时间就非常有用。

删除旁白的具体操作步骤：在普通视图中，选择幻灯片右下角的 🔊 图标，按【Delete】键即可删除该幻灯片对应的旁白。如果希望运行没有旁白的演示文稿而又不想删除旁白，可在"设置放映方式"对话框中选中"放映时不加旁白"复选框，如图4-64所示。

单击"幻灯片放映"选项卡，出现"开始放映幻灯片"组，如图4-65所示。

①从头开始：单击此按钮从头开始播放幻灯片。

②从当前幻灯片开始：单击此按钮从当前幻灯片开始播放。

③联机演示：可以通过浏览器对幻灯片进行联网演示，并允许对方通过网络下载，但是需要一个Microsoft账号。

④自定义幻灯片放映：单击打开"自定义放映"对话框，如图4-66所示。单击"新建"按钮在弹出的"定义自定义放映"对话框中建立新的自定义放映项目，如图4-67所示。

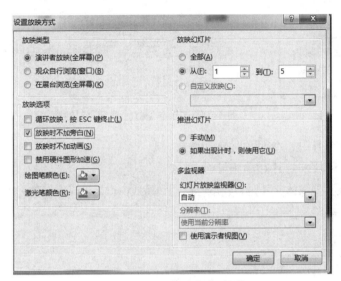

图 4-64　设置放映方式对话框

图 4-65　"开始放映幻灯片"组

图 4-66　"自定义放映"对话框

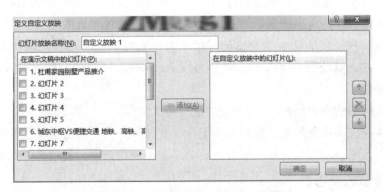

图 4-67　"定义自定义放映"对话框

对幻灯片放映进行设置，如图4-68所示。

①设置幻灯片放映：单击此按钮打开"设置放映方式"对话框（见图4-64），一般采取"演讲者放映"的方式；教程类以"观众自行浏览"的居多；"在展台浏览"适合展示型文稿。观众自行浏览：放映时窗口显示窗口控制按钮，可以对放映窗口的大小进行设置，方便浏览者同时处理其他工作。"放映幻灯片"选项对需要播放的幻灯片进行选择，

此项在需要分段使用的演示文稿中非常实用。

②隐藏幻灯片：单击将当前选中的幻灯片设置为隐藏状态，在播放时不显示隐藏的幻灯片。

③排练计时：此项在做讲演与课件中非常有用，演示文稿制作完成后，单击，然后进行模拟试讲，PPT会将每张幻灯片在试讲中所用的时间记录下来，供用户设置时进行参考。

④录制幻灯片演示：单击此按钮可打开"录制幻灯片演示"对话框，对需要录制的内容进行设置，然后将幻灯片试讲演示过程录制下来，如图4-69所示。

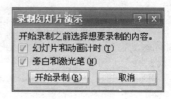

图4-68　设置功能　　　　　　　　　图4-69　"录制幻灯片演示"对话框

⑤播放旁白：如果文稿中录制有旁白，在播放时自动播放。

⑥使用计时：在幻灯片放映时回放幻灯片和动画计时。

⑦显示媒体控件：当文稿中插入其他媒体文件时，将鼠标移动到播放窗口显示媒体控件。

技巧与提高

一、动画设置技巧

动画设置要达到以下效果：

①抓住观众的视觉焦点，如逐条显示，通过放大、变色、闪烁灯方法突出关键词。

②显示各个页面的层次关系，如通过页面之间的过渡区分页面的层次。

③帮助内容视觉化。动画本身也是有含义的，它与图片刚好形成互补关系。与图片可以表示人、物、状态等含义类似，动画可以表示动作、关系、方向、进程和变化、序列以及强调等含义。

要避免这样的动画出现：

①动画本身成为实现焦点。通常动画本身没有任何意义，而是仅仅作为修饰出现。

②动作不自然或动画太突然。前者让观众感觉很别扭，而后者则会吓到观众。

二、动画放映技巧

1. 演示文稿放映编辑两不误

办公室工作中，为了制作出更好的演示文稿，有时需要一边播放幻灯片，一边对照着演示结果对幻灯片进行编辑，按住【Ctrl】键不放，单击"幻灯片放映"选项卡中的"从头开始""从当前幻灯片开始"按钮或 即可。此时，幻灯片将演示窗口缩小至屏幕左上角，在此区域内执行和全屏播放时效果相同。修改幻灯片时，演示窗口会最小化，修改完成后再切换到演示窗口就可看到相应的效果。

2. 在没有安装 PowerPoint 的计算机上放映演示文稿

在PPT演示文稿制作完成后，可能需要拿到其他计算机或上传到网络上供用户下载使用，如果对方计算机上没有安装PPT，或者上传、下载时没有同时上传所调用的文件，普通的PPT文档则无法打开或打开却无法正常使用，此时可以使用"打包"功能将制作完成的演示文稿打包成一个文件，打包后的文件可以在任何Windows操作系统下进行播放。选择"文件"→"导出"→"将演示文稿打包成CD"，如图4-70所示。在"打包成CD"对话框中，确定文件名和即将打包的演示文稿。演示文稿可以是单一文件，也可以通过单击"添加"按钮，添加其他的演示文稿，然后单击"复制到文件夹"按钮（见图4-71），确定CD文件所在的文件夹。在打包时，系统将同时产生演示文稿包含的链接、图片、视频、音频等的文件夹，并最后生成以.mp4为扩展名的视频文件。

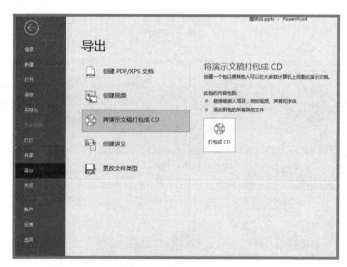

图 4-70　将演示文稿打包成 CD

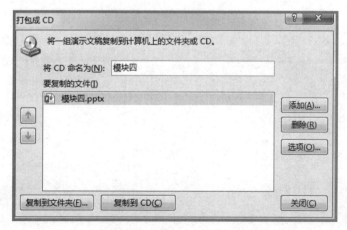

图 4-71　"打包成 CD"对话框

创新作业

①利用相关计算机技术对本专业的发展情况做信息搜索、整理和分析，并形成专业信息库，将各类信息素材（文字、数据、图片、视频、音频等文件）进行分类整理。

②综合组织各类素材，制作行业专业的调研汇报演示文稿。

③以小组为单位，在班会上向大家汇报本专业的发展概况。

模块五 | 新产品销售数据处理——Excel 2016 应用

本模块将通过4个由浅入深的项目，分别从数据表制作与编辑、数据处理、数据透视表和图表制作、数据表共享等方面，循序渐进地介绍Excel 2016的应用。通过本模块的学习，可体验Excel 2016卓越的数据处理能力，逐步提升软件的应用能力、信息的搜索和处理能力、信息的共享能力。

能力目标

- 能完成基本数据输入、格式的设置等。
- 能利用Excel 2016进行数据处理，包括利用公式进行计算、单元格的引用、函数的应用等。
- 能利用Excel 2016表格进行数据统计和分析，包括排序、筛选、分类汇总、创建图表、创建数据透视表和透视图。
- 能利用Excel 2016，完成数据的导入和导出，并能对数据进行保护。

项目一　房产销售数据表制作——数据输入与格式设置

项目描述

作为一家具有一定规模的房地产公司，杜甫房产有限公司在日常管理和房屋销售的过程中，会遇到大量的数据。例如，员工的基本信息、客户的基本资料、房屋的相关信息、房屋的销售状况等。这些数据不仅需要有序存放和管理，而且很多时候还需要进行计算处理，甚至还需要对这些数据进行比较分析，为公司的相关决策和措施提供参考和依据。

公司近期推出的"紫陌庄园别墅"楼盘，销售状况良好，销售过程中产生了大量的数据。由于前期该项目的文档处理都是由程程负责的，公司总经理仍然把数据处理的工作和任务交给程程来处理。

项目分析

在房屋销售过程中，涉及的数据包括房屋的相关信息、客户（购房者）的相关信息、销售人员的相关信息以及销售几个方面。因此，可以创建一个名为"房屋销售资料"的 Excel 2016工作簿文件，在这个文件中再分别创建四张工作表，分别是"房屋基本信息表"、"销售员工信息表"、"客户资料表"和"销售信息表"。

项目实现

● 微课

房产销售数据表制作

本项目的相关知识点及实现方法请扫描二维码，打开相关视频进行学习。

一、创建工作簿文件

启动Excel 2016，选择"文件"→"另存为"命令，在右侧的"另存为"面板中单击"浏览"按钮，在打开的"另存为"对话框中选择保存位置，并将文件名设置为"房屋销售资料"。

二、创建工作表

① 在窗口的左下角，右击Sheet1标签，选择"重命名"命令，输入工作表名称"房屋基本信息表"。在此工作表相应单元格输入数据，如图5-1所示。

	A	B	C	D	E	F
1	房屋基本信息					
2	楼号	别墅类型	户型	房屋面积	花园面积	价格
3	A101	联排	四室两厅三卫	168.55	50	2168000
4	A102	联排	四室两厅三卫	168.55	50	2168000
5	A103	联排	四室两厅三卫	168.55	50	2168000
6	A104	联排	四室两厅三卫	168.55	50	2168000
7	A105	联排	四室两厅三卫	168.55	50	2168000
8	A106	联排	四室两厅三卫	168.55	50	2168000
9	A201	联排	五室三厅四卫	205.68	65	2488000
10	A202	联排	五室三厅四卫	205.68	65	2488000
11	A203	联排	五室三厅四卫	205.68	65	2488000
12	A204	联排	五室三厅四卫	205.68	65	2488000
13	A205	联排	五室三厅四卫	205.68	65	2488000
14	A206	联排	五室三厅四卫	205.68	65	2488000
15	B101	双拼	四室三厅四卫	228	100	3368000
16	B102	双拼	四室三厅四卫	228	100	3368000
17	B201	双拼	四室三厅四卫	228	100	3368000
18	B202	双拼	四室三厅四卫	228	100	3368000
19	B301	双拼	五室三厅五卫	353	200	5588000
20	B302	双拼	五室三厅五卫	353	200	5588000
21	B401	双拼	五室三厅五卫	353	200	5588000
22	B402	双拼	五室三厅五卫	353	200	5588000
23	C001	独栋	七室三厅五卫	450	400	10880000
24	C002	独栋	七室三厅五卫	450	400	10880000
25	C003	独栋	七室三厅五卫	450	400	10880000
26	C004	独栋	七室三厅五卫	450	400	10880000

图 5-1　房屋基本信息表

② 选中D2单元格，将光标在编辑栏中定位于"房屋面积"之后，按住【Alt】键的同时按下【Enter】键，将光标在单元格内换行，输入"（平方米）"。在E2重复上述操作。

③ 拖动鼠标选中A1:F1单元格，单击"开始"→"对齐方式"→"合并后居中"按钮，并设文字加粗。

④ 选中D3:E26区域，分别单击"开始"选项卡"数字"组中的"增加小数位数"按钮 和"减少小数位数"按钮 ，将小数位数设置为2位。

⑤ 选中F3:F26区域，右击，选择"设置单元格格式"命令，在打开的对话框中选择"数字"选项卡。在"分类"列表框中选择"货币"，设置"小数位数"为2，货币符号为¥，如图5-2所示。

图 5-2　设置单元格格式

⑥ 选中A2:F26区域，右击，选择"设置单元格格式"命令，在打开的对话框中选择"边框"选项卡。先选择线条样式中的双线设置外边框，再选择线条样式中的细实线设置内边框，如图5-3所示。

⑦ 选中A2:F2区域，单击"字体"组"填充颜色"右侧的下拉按钮，选择"灰色"作为填充颜色，设置字号12。

最后得到如图5-4所示的房屋基本信息表。

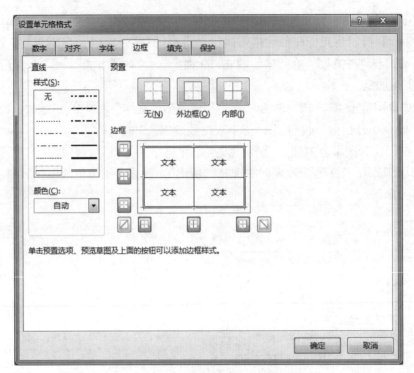

图 5-3 "设置单元格格式"对话框

	A	B	C	D	E	F
1	房屋基本信息					
2	楼号	别墅类型	户型	房屋面积（平方米）	花园面积（平方米）	价格
3	A101	联排	四室两厅三卫	168.55	50.00	￥2,168,000.00
4	A102	联排	四室两厅三卫	168.55	50.00	￥2,168,000.00
5	A103	联排	四室两厅三卫	168.55	50.00	￥2,168,000.00
6	A104	联排	四室两厅三卫	168.55	50.00	￥2,168,000.00
7	A105	联排	四室两厅三卫	168.55	50.00	￥2,168,000.00
8	A106	联排	四室两厅三卫	168.55	50.00	￥2,168,000.00
9	A201	联排	五室三厅四卫	205.68	65.00	￥2,488,000.00
10	A202	联排	五室三厅四卫	205.68	65.00	￥2,488,000.00
11	A203	联排	五室三厅四卫	205.68	65.00	￥2,488,000.00
12	A204	联排	五室三厅四卫	205.68	65.00	￥2,488,000.00
13	A205	联排	五室三厅四卫	205.68	65.00	￥2,488,000.00
14	A206	联排	五室三厅四卫	205.68	65.00	￥2,488,000.00
15	B101	双拼	四室三厅四卫	228.00	100.00	￥3,368,000.00
16	B102	双拼	四室三厅四卫	228.00	100.00	￥3,368,000.00
17	B201	双拼	四室三厅四卫	228.00	100.00	￥3,368,000.00
18	B202	双拼	四室三厅四卫	228.00	100.00	￥3,368,000.00
19	B301	双拼	五室三厅五卫	353.00	200.00	￥5,588,000.00
20	B302	双拼	五室三厅五卫	353.00	200.00	￥5,588,000.00
21	B401	双拼	五室三厅五卫	353.00	200.00	￥5,588,000.00
22	B402	双拼	五室三厅五卫	353.00	200.00	￥5,588,000.00
23	C001	独栋	七室三厅五卫	450.00	400.00	￥10,880,000.00
24	C002	独栋	七室三厅五卫	450.00	400.00	￥10,880,000.00
25	C003	独栋	七室三厅五卫	450.00	400.00	￥10,880,000.00
26	C004	独栋	七室三厅五卫	450.00	400.00	￥10,880,000.00

图 5-4 房屋基本信息表

⑧ 单击工作表末尾的"新工作表"按钮 ⊕，插入一张工作表，将其重命名为"销售员工信息表"。类似前面的步骤，创建如图5-5所示工作表"销售员工信息表"。

同前面的操作，分别创建如图5-6、图5-7所示的"客户资料表"和"销售信息表"。

	A	B	C	D	E
1	销售员工信息				
2	编号	姓名	性别	出生日期	销售级别
3	1001	于丽丽	女	1985-10-19	五级
4	1002	陈可	女	1987-4-21	四级
5	1003	黄大伟	男	1986-10-7	四级
6	1004	齐明明	女	1988-1-23	三级
7	1005	李思	女	1988-6-6	三级
8	1006	王晋	男	1988-3-30	三级
9	1007	毛华新	男	1989-9-10	二级
10	1008	金的的	女	1989-5-22	二级
11	1009	姜新月	女	1988-12-7	二级
12	1010	张楚玉	男	1989-11-8	二级
13	1011	吴姗姗	女	1991-1-15	一级
14	1012	张国丰	男	1990-2-10	一级

图 5-5　销售员工信息表

	A	B	C	D	E
1	客户资料				
2	编号	姓名	身份证号	联系电话	服务代表
3	001	董江波	36020219720208××××	15157316×××	于丽丽
4	002	傅珊珊	33052219810130××××	13083905×××	金的的
5	003	谷金力	36068119620505××××	18767315×××	陈可
6	004	何再前	33018219710122××××	13806831×××	于丽丽
7	005	何宗文	34262219690520××××	13641358×××	张国丰
8	006	胡孙权	36252419740902××××	13320171×××	黄大伟
9	007	黄威	33048119750502××××	13456250×××	李思
10	008	黄芯	34012119790324××××	18256098×××	王晋
11	009	贾丽娜	33082419721027××××	18767062×××	齐明明
12	010	简红强	36042919780911××××	13777418×××	吴姗姗
13	011	郎怀民	36028119670416××××	18079801×××	姜新月
14	012	李小珍	34082219800810××××	13738293×××	毛华新
15	013	项文双	34162119790520××××	15988318×××	黄大伟
16	014	肖凌云	33052219801015××××	13185240×××	姜新月
17	015	肖伟国	33070219780313××××	15968388×××	陈可
18	016	谢立红	33072619661030××××	15924295×××	李思

图 5-6　客户资料表

	A	B	C	D
1	客户编号	楼号	预定日期	一次性付款
2	001	B101	2013-1-5	是
3	002	A206	2013-1-12	否
4	003	B201	2013-2-25	是
5	003	B202	2013-2-25	是
6	004	B102	2013-4-6	否
7	005	C001	2013-4-15	是
8	006	A106	2013-4-19	是
9	007	A201	2013-4-23	否
10	008	A101	2013-4-27	是
11	009	A102	2013-4-30	是
12	010	A202	2013-5-4	否
13	011	C002	2013-5-6	是
14	012	A103	2013-5-6	是
15	013	A104	2013-5-12	是
16	014	A105	2013-5-26	否
17	015	B301	2013-6-17	是
18	016	B401	2013-6-18	是
19	016	B402	2013-6-18	是

图 5-7　销售信息表

相关知识与技能

1. 工作簿

在Excel中，用来存储并处理工作数据的文件叫作工作簿。它是Excel工作区中一个或多个工作表的集合，其扩展名为xlsx。在Excel 2016中，每次启动Excel后，会默认新建一个名称为"工作簿1"的空白工作簿。

2. 工作表

工作表是显示在工作簿窗口中的表格。一个工作表可以由1048576行和16384列构成。行的编号为1～1048576，列的编号依次用字母A，B，…，XFD表示。行号显示在工作簿窗口的左边，列号显示在工作簿窗口的上边。

Excel 2016默认一个工作簿有一个工作表，用户可以根据需要添加工作表，但每一个工作簿最多可以包括255个工作表。

每个工作表有一个名字，工作表名显示在工作表标签上。系统默认的工作表名为Sheet1。有多个工作表时，其中标签为白底色的工作表是活动工作表。单击某个工作表标签，可以选择该工作表为活动工作表。

3. 工作表基本操作

（1）插入工作表

单击工作表末尾的"新工作表"按钮 ⊕ ，或者按【Shift+F11】组合键可快速插入一张工作表。如果要在Sheet1之前插入一张工作表，右击Sheet1，选择"插入"命令，打开"插入"对话框，选择"工作表"，单击"确定"按钮即可。

（2）删除工作表

不需要的工作表可以通过右键快捷菜单中的"删除"命令来删除。多张工作表的删除可以通过按【Ctrl】键再单击需要删除的工作表进行一次性选择并删除。如果是连续的工作表，选择第一张工作表标签，按住【Shift】键再选择最后一张，然后再进行删除。

（3）移动、复制工作表

右击工作表标签，选择"移动或复制"命令，打开"移动或复制工作表"对话框，可以将选定的工作表移动到同一工作表的不同位置，也可以选择移动到其他工作簿的指定位置。如果选中对话框下方的"建立副本"复选框，就会在目标位置复制一个相同的工作表。

或者移动鼠标指针到工作表标签上方，拖动工作表到另一位置，即可移动一个工作表。如果要复制，在拖动鼠标的同时按住【Ctrl】即可。

4. 单元格

单元格是表格中行与列的交叉部分，它是组成表格的最小单位，单个数据的输入和修改都是在单元格中进行的。

单元格默认以所在的行列位置来命名，例如，B5指的是B列与第5行交叉位置上的单元格。

5. 单元格基本操作

（1）单元格选定

被选中可直接操作的单元格称为活动单元格。选中活动单元格，可以用鼠标直接单击相应单元格选取，也可在名称框（在编辑栏的左边）中输入该单元格的名称。

在对表格进行格式设置或修饰时，经常要同时选择多个单元格进行操作。如果多个单元格是不连续的，可以按住【Ctrl】键，再用鼠标逐个单击同时选中。或者在名称框中输入这些单元格的名称，中间用逗号分隔。例如，要同时选中A1、B5、F10单元格，可以在名称框中输入"A1，B5，F10"。

如果多个单元格是连续的，则有3种方法可以实现。例如，要选中A1:H20的连续区域：

① 直接从 A1 开始拖动鼠标到 H20。

② 单击选中A1，移动鼠标到H20，按住【Shift】键，再单击选中H20。

③ 单击选中名称框，在其中输入A1:H20。

（2）合并单元格

合并单元格就是将多个单元格合并成一个。先选中所要合并的单元格区域，然后在选中的区域右击，选择"设置单元格格式"命令，在打开的"设置单元格格式"对话框中选择"对齐"选项卡，选中"合并单元格"复选框，单击"确定"按钮即可，如图5-8所示。

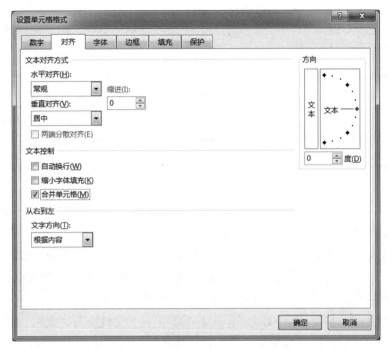

图 5-8　"设置单元格格式"对话框

6. 行和列基本操作

（1）行和列的选定

要选定一行，如第3行，可单击行号3；要选定2、3、4三行，可从行号2拖动到行号4；要选定不连续的行，比如第3行和第5行，先单击行号3，然后按住【Ctrl】键，再单击行号5。

要选定一列，如B列，可单击列标B；要选定A、B、C三列，可从列标A拖动到列标C。要选定不连续的列，如B列和D列，先单击列标B，然后按住【Ctrl】键，再单击列标D。

（2）行和列的插入

在输入数据的过程中，如果发现第10行前少输了一行，可以右击行号10，选择"插入"命令，当前位置会增加一行，原来的第10行向下移动变成了第11行；如果希望一次插入多行，比如在10行前插入两行，可以选定10、11两行，右击，选择"插入"命令，即可一次插入两行。

同理，如果要在第D列前增加一列，可以在右击列标D，选择"插入"命令，当前位置会增加一列，原来的第D列向右移动变成了第E列；如果要一次插入多列，如在D列前插入两列，可以选定D列和E列，右击，选择"插入"命令，一次就可以插入两列。

（3）行和列的删除

在编辑数据时，如果第2行不再需要，可以在右击行号2，选择"删除"命令，就可以删除此行，原来的第3行向上移动变成了第2行。

同理，要删除C列，可以在右击列标C，选择"删除"命令，即可删除此列，原来的D列向左移动变成了C列。

（4）行高和列宽设置

要调整行高，可以把鼠标放在两个行号中间的横线上，鼠标变成上下双向箭头，拖动鼠标，屏幕上显示出行高：前面的数值以磅为单位，括号中的数值以像素为单位，到所需位置松开，即可改变行高。要精确设置行高，可以选择"开始"→"单元格"→"格式"→"行高"命令，在打开的"行高"对话框中显示的数值以磅为单位，输入需要的值，单击"确定"按钮，就可以把行高设为指定值。

要调整列宽，可以把鼠标指在两个列标中间的竖线上，鼠标变为水平双向箭头，左、右拖动鼠标，屏幕上显示出列宽：前面的数值以1/10英寸为单位，括号中的数值以像素为单位，到所需位置松开，即可改变列宽。要精确设置列宽，可以选择"开始"→"单元格"→"格式"→"列宽"命令，在打开的"列宽"对话框中显示的数值以1/10英寸为单位，输入需要的值，单击"确定"按钮，就可以把列宽设为指定值。

把鼠标指在两个行号中间的横线上，鼠标变成上下双向箭头，双击，就可以把行高设为最合适的值；把鼠标指在两个列标中间的竖线上，鼠标变成为水平双向箭头，双击，就可以把列宽设为最合适的值。

（5）行或列的互换

在使用Excel的过程中，有时需要将两行或两列互换。如果现在需要互换第2行和第3行，可单击行号2，选定第2行，把鼠标指在第2行的下边线上，按下【Shift】键，向下拖动到第3行的下边线处，此时屏幕上有一条粗的水平虚线，松开鼠标，就实现了两行的互换。同理，要将A列和B列的互换，可以单击列标A，选定A列，把鼠标指在A列的右边线上，按下【Shift】键，向右拖动到B列的右边线处，此时屏幕上有一条粗的竖直虚线，松开，就实现了两列的互换。

（6）行和列的隐藏

暂时不想看到的行或列可以将其隐藏。例如，要隐藏第二列，可在列标B右击，选择"隐藏"命令，就可以隐藏B列。要重新显示B列，可以选定A列和C列，跨越被隐藏的列，右击，选择"取消隐藏"命令。同理，可实现行的隐藏和取消。

技巧与提高

一、纯数字文本的输入

表格中类似编号、身份证号码、电话号码之类的数据，都是由纯数字构成的文本数据。如果直接输入这些数据，Excel默认将它们当作数值数据对待。这样会造成一些数据不能正常显示。例如，编号001会显示为"1"。较长的数字还会被转化为科学计数法来表示。例如，330702197803136030会被显示为3.30702E+17，其真实值已经被四舍五入为330702197803136000。所以，在输入这种数据时，可以先将单元格的数据格式设置为"文本"，然后再输入数据。

以输入"客户资料表"中的"身份证号"为例，可选中C3:C18区域，右击，选择"设置单元格格式"命令，在打开的对话框中，选择"数字"选项卡，选中其中的"文本"。完成设置后就可正常输入身份证号。

实际工作中，也可不用设置单元格格式，而是直接在输入身份证号之前，先输入一个英文符号的单引号"'"，Excel会将它们当作文本数据处理，并在单元格中自动隐藏单引号（但在编辑栏中会显示）。

二、连续编号的输入

很多表格都有类似需要填写编号的列。如果编号列的数据正好是连续的，那么逐个输入编号，则工作相当烦琐。有没有什么方法能比较简单快速地将编号输入呢？

如果编号本身是文本数据，可以通过填充柄快速输入多个连续编号。以输入"客户资料表"中的"编号"为例，先在A3单元格输入001后，选中此单元格；鼠标移到填充柄上（黑色粗框右下角的黑点，鼠标指向时，鼠标会变为"＋"），向下拖动鼠标到A18单元格。

如果编号是数值型数据，可以通过"填充"功能来输入多个连续编号。例如，在A1单元格输入1，然后选中A1:A10区域；单击"开始"→"编辑"→"填充"下拉按钮，选择"序列"；在打开的对话框中分别设置"序列产生在"为"列"，"类型"为"等差序列"，"步长值"为1（见图5-9），即可在A1:A10的区域内得到1~10的连续编号。另一种较为快捷的方法是，在A1单元格中输入1，在A2单元格中输入2，然后同时选中A1、A2两个单元格，再向下拖动填充柄到A10，也可得到连续的编号。

三、数据验证

在往表格中输入数据时，有时候因为数据量很大，会产生一些错误输入。例如，在输入身份证号或电话号码时，漏掉一位数或多输入一位数。或者在输入价格或面积时，多按或少按一位零。这些错误不容易被发现但可能会产生较大影响，所以最好能尽量避免。在输入数据前通过设置单元格的数据验证，可以减少这类失误。

以输入"客户资料表"中的"身份证号"为例：选中C3:C18区域，单击"数据"→"数据工具"→"数据验证"按钮，在打开的对话框中进

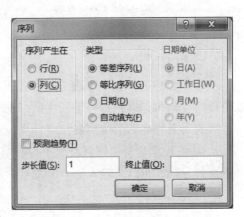

图5-9　"序列"对话框

行设置（见图5-10），即可实现对身份证号输入的检验。如果输入的身份证号码不是18位，则会提示出错。

数据验证还可以用来实现在输入的时提供下拉列表。例如，在输入"销售员工信息"表中的"性别"时，就可如下操作：选中C3:C14区域，单击"数据"→"数据工具"→"数据验证"按钮，在打开的对话框中按如图5-11所示进行设置，即可在输入性别时提供下拉选项"男"、"女"供用户选择，如图5-12所示。

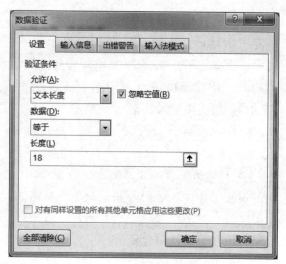

图 5-10　数据验证设定

图 5-11　设置序列

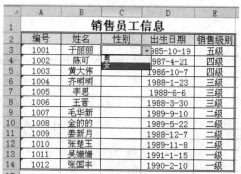

图 5-12　序列设置效果

创新作业

① "客户资料表"中的"服务代表"，均为"销售员工信息表"中的员工，如何设置可使得在输入"客户资料表"中的"服务代表"时，能自动提供包含"销售员工信息表"中所有员工姓名的下拉列表？

② 假设销售员工信息表"中的"编号"现改为2013057301550001～2013057301550012的连续号码，可以只输入第一个编号，而让其他编号自动产生吗？

项目二　新产品销售数据处理——公式与函数应用

项目描述

　　根据项目一中的操作，可以实现公司基本数据的录入。但实际工作中，还有很多数据需要经过计算和处理得到。例如，在房屋销售过程中会有一些优惠政策，不同客户可能会享受到不同的折扣，不同客户的折扣率需要参照其他信息经过处理后得出，并且实际购房款也需要在原价的基础上经过计算得到；在对销售员工进行奖励时，必须要计算出每个员工的销售业绩并排出名次；为了能对比分析每个月的销售状况，需要计算每个月的销售金额等。

项目分析

　　实际工作中的这些数据计算和处理可以通过人工处理之后再填入表格。但这样做不仅效率低下，而且如果表格中某些数据发生变化后，相应数据可能需要全部重新处理，非常烦琐并且极易出现错漏。例如，如果一次性付款，房价可享受5%的优惠。某位客户最初没有打算一次性付款，所以没有享受折扣。后来客户改变主意，愿意一次性付款。这样一来，不仅要修改相应客户的折扣率，而且还要重新计算客户的购房款，同时，相应销售员工的销售业绩也需要重新计算。

　　在Excel中，如果使用公式和函数来完成数据的计算和处理，上述问题就会简单得多。因为Excel中的公式和函数都可以引用单元格，只要被引用单元格的数据发生变化，相应单元格的公式就会自动重新计算更新。

项目实现

一、计算折扣率和房价

　　公司推出的促销优惠政策规定：凡一次性付清房款的客户，可以享受房价5%的折扣；价格在1 000万以上的房屋，价格可再享受3%的折扣；价格在500～1 000万元之间的房屋，价格可再享受2%的折扣；价格在300～500万元之间的房屋，价格可再享受1%的折扣。现要求在"销售信息表"中计算出每位客户的折扣率和实际房价，并求出实际总房价和平均房价。

　　相关知识点及实现方法请扫描二维码，打开相关视频进行学习。

　　① 在"销售信息表"的E1:H1单元格依次输入"原价"、"折扣1"、"折扣2"和"实际价格"，并对照"房屋基本信息表"，在E2:E19单元格输入各房屋的原价，中图5-13所示。

　　在"折扣1"对应的列中，需要根据D列"一次性付款"中的信息来决定是填入5%还是0，这里可以使用逻辑函数IF。

微课●·········

新产品销售数据处理

·········●

图 5-13   销售信息表基础数据

IF函数的基本格式是：

IF(logical_test, [value_if_true], [value_if_false])

- 其中 logical_test 是必选参数，用来指定判断条件。通常是一个逻辑表达式，计算结果是 TRUE 或 FALSE。
- value_if_true 是可选参数，是 logical_test 参数的计算结果为 TRUE 时所要返回的值。
- value_if_false 也是可选参数，是 logical_test 参数的计算结果为 FALSE 时所要返回的值。

② 根据要求，在F2单元格中输入公式"=IF(D2="是"，5%，0)"，其含义是，如果D2的值等于"是"，则结果为5%，否则为0。

注意：公式中的标点符号必须是英文状态下的。

③ 选中F2单元格，使用填充柄填充至F19单元格，即可填入所有客户的折扣1，如图5-14所示。

④ 在G2单元格中输入公式"=IF(E18>=10000000，3%，IF(E18>=5000000，2%，IF(E18>=3000000，1%，0)))"。选中G2单元格，使用填充柄填充至G19单元格，即可填入所有客户的折扣2，如图5-15所示。

图 5-14   IF 函数应用

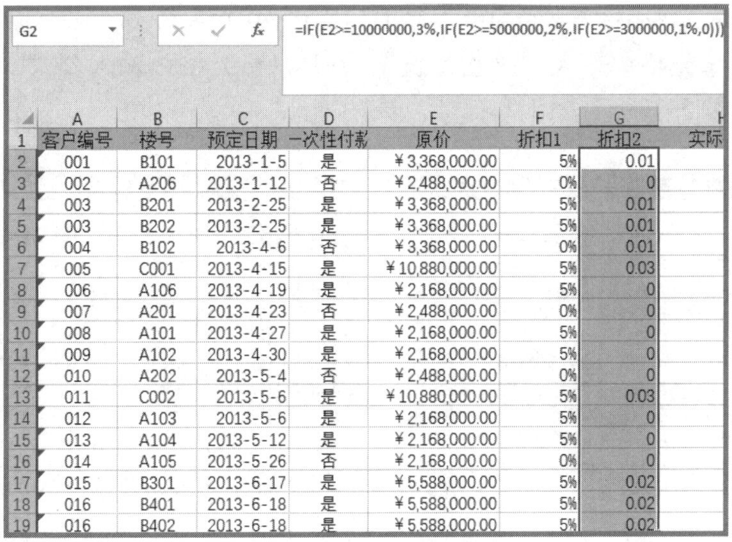

G2 ▼ × ✓ fx =IF(E2>=10000000,3%,IF(E2>=5000000,2%,IF(E2>=3000000,1%,0)))

	A	B	C	D	E	F	G	H
1	客户编号	楼号	预定日期	一次性付款	原价	折扣1	折扣2	实际
2	001	B101	2013-1-5	是	￥3,368,000.00	5%	0.01	
3	002	A206	2013-1-12	否	￥2,488,000.00	0%	0	
4	003	B201	2013-2-25	是	￥3,368,000.00	5%	0.01	
5	003	B202	2013-2-25	是	￥3,368,000.00	5%	0.01	
6	004	B102	2013-4-6	否	￥3,368,000.00	0%	0.01	
7	005	C001	2013-4-15	是	￥10,880,000.00	5%	0.03	
8	006	A106	2013-4-19	是	￥2,168,000.00	5%	0	
9	007	A201	2013-4-23	否	￥2,488,000.00	5%	0	
10	008	A101	2013-4-27	是	￥2,168,000.00	5%	0	
11	009	A102	2013-4-30	是	￥2,168,000.00	5%	0	
12	010	A202	2013-5-4	否	￥2,488,000.00	0%	0	
13	011	C002	2013-5-6	是	￥10,880,000.00	5%	0.03	
14	012	A103	2013-5-6	是	￥2,168,000.00	5%	0	
15	013	A104	2013-5-12	是	￥2,168,000.00	5%	0	
16	014	A105	2013-5-26	否	￥2,168,000.00	0%	0	
17	015	B301	2013-6-17	是	￥5,588,000.00	5%	0.02	
18	016	B401	2013-6-18	是	￥5,588,000.00	5%	0.02	
19	016	B402	2013-6-18	是	￥5,588,000.00	5%	0.02	

图 5-15　IF 函数嵌套

折扣2的计算同样使用了IF函数，但要比折扣1的计算复杂，这里用到函数的嵌套。所谓函数嵌套，就是一个函数中又包含一个函数来作为它的参数。

⑤ 在G2单元格的公式中，IF函数的第三个参数又是一个IF函数"IF(E18>=5000000，2%，IF(E18>=3000000，1%，0))"，并且内嵌的这个IF函数再次嵌套了一个IF函数"IF(E18>=3000000，1%，0)"作为它自己的第三个参数，因而形成一个三层嵌套。一个IF函数本身可以解决"二选一"，每嵌套一次，就能多提供一个选项。因而三层嵌套的IF函数可以实现"四选一"。

⑥ 在H2单元格中输入公式"=E2*(1-F2)*(1-G2)"。选中H2单元格，使用填充柄填充至H19单元格，即可填入所有客户的实际房价，如图5-16所示。

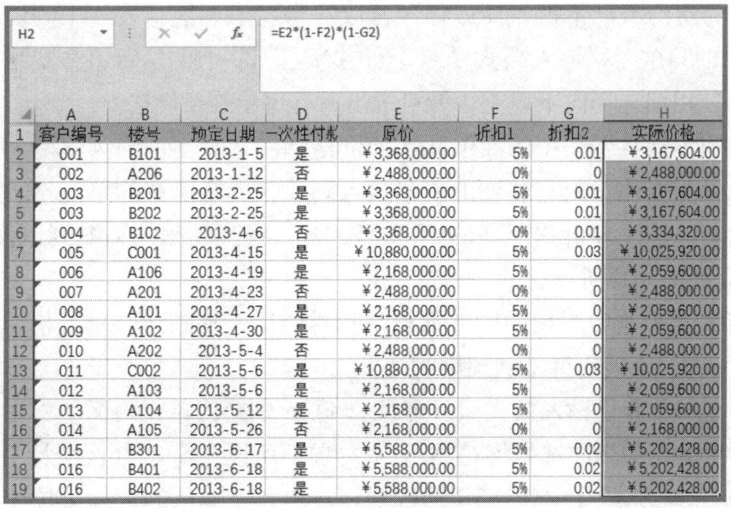

H2 ▼ × ✓ fx =E2*(1-F2)*(1-G2)

	A	B	C	D	E	F	G	H
1	客户编号	楼号	预定日期	一次性付款	原价	折扣1	折扣2	实际价格
2	001	B101	2013-1-5	是	￥3,368,000.00	5%	0.01	￥3,167,604.00
3	002	A206	2013-1-12	否	￥2,488,000.00	0%	0	￥2,488,000.00
4	003	B201	2013-2-25	是	￥3,368,000.00	5%	0.01	￥3,167,604.00
5	003	B202	2013-2-25	是	￥3,368,000.00	5%	0.01	￥3,167,604.00
6	004	B102	2013-4-6	否	￥3,368,000.00	0%	0.01	￥3,334,320.00
7	005	C001	2013-4-15	是	￥10,880,000.00	5%	0.03	￥10,025,920.00
8	006	A106	2013-4-19	是	￥2,168,000.00	5%	0	￥2,059,600.00
9	007	A201	2013-4-23	否	￥2,488,000.00	5%	0	￥2,488,000.00
10	008	A101	2013-4-27	是	￥2,168,000.00	5%	0	￥2,059,600.00
11	009	A102	2013-4-30	是	￥2,168,000.00	5%	0	￥2,059,600.00
12	010	A202	2013-5-4	否	￥2,488,000.00	0%	0	￥2,488,000.00
13	011	C002	2013-5-6	是	￥10,880,000.00	5%	0.03	￥10,025,920.00
14	012	A103	2013-5-6	是	￥2,168,000.00	5%	0	￥2,059,600.00
15	013	A104	2013-5-12	是	￥2,168,000.00	5%	0	￥2,059,600.00
16	014	A105	2013-5-26	否	￥2,168,000.00	0%	0	￥2,168,000.00
17	015	B301	2013-6-17	是	￥5,588,000.00	5%	0.02	￥5,202,428.00
18	016	B401	2013-6-18	是	￥5,588,000.00	5%	0.02	￥5,202,428.00
19	016	B402	2013-6-18	是	￥5,588,000.00	5%	0.02	￥5,202,428.00

图 5-16　公式编辑

⑦ 在G20单元格中输入"总房价"，在H20单元格中输入公式"=SUM(H2:H19)"。

⑧ 在G21单元格中输入"平均房价"，在H21单元格中输入公式"=AVERAGE(H2:H19)"，如图5-17所示。

	A	B	C	D	E	F	G	H
1	客户编号	楼号	预定日期	一次性付款	原价	折扣1	折扣2	实际价格
2	001	B101	2013-1-5	是	¥3,368,000.00	5%	0.01	¥3,167,604.00
3	002	A206	2013-1-12	否	¥2,488,000.00	0%	0	¥2,488,000.00
4	003	B201	2013-2-25	是	¥3,368,000.00	5%	0.01	¥3,167,604.00
5	003	B202	2013-2-25	是	¥3,368,000.00	5%	0.01	¥3,167,604.00
6	004	B102	2013-4-6	否	¥3,368,000.00	5%	0.01	¥3,334,320.00
7	005	C001	2013-4-15	是	¥10,880,000.00	5%	0.03	¥10,025,920.00
8	006	A106	2013-4-19	是	¥2,168,000.00	5%	0	¥2,059,600.00
9	007	A201	2013-4-23	否	¥2,488,000.00	5%	0	¥2,488,000.00
10	008	A101	2013-4-27	是	¥2,168,000.00	5%	0	¥2,059,600.00
11	009	A102	2013-4-30	是	¥2,168,000.00	5%	0	¥2,059,600.00
12	010	A202	2013-5-4	否	¥2,488,000.00	0%	0	¥2,488,000.00
13	011	C002	2013-5-6	是	¥10,880,000.00	5%	0.03	¥10,025,920.00
14	012	A103	2013-5-6	是	¥2,168,000.00	5%	0	¥2,059,600.00
15	013	A104	2013-5-12	是	¥2,168,000.00	5%	0	¥2,059,600.00
16	014	A105	2013-5-26	否	¥2,168,000.00	0%	0	¥2,168,000.00
17	015	B301	2013-6-17	是	¥5,588,000.00	5%	0.02	¥5,202,428.00
18	016	B401	2013-6-18	是	¥5,588,000.00	5%	0.02	¥5,202,428.00
19	016	B402	2013-6-18	是	¥5,588,000.00	5%	0.02	¥5,202,428.00
20							总房价	¥68,426,256.00
21							平均房价	¥3,801,458.67

图5-17 SUM、AVERAGE 函数应用

SUM函数的作用是求和，AVERAGE函数的作用是求平均值。

二、更新表格数据

公司为了更快回笼资金，同时也为了进一步促进销售，决定所有房屋价格一律下调2%；同时，公司的管理软件升级，员工编号在原来编号的前面增加了"20130573"。现需要更新相关表格数据。

首先，因为房价全部下调，所以需要修改"房屋基本信息表"中的价格。在"房屋基本信息表"的G3单元格输入公式"=F3*(1-2%)"，即可求出A101号房屋的新价格。选中G3单元格，使用填充柄向下填充，就可求出所有房屋的新价格。

但这时"销售信息表"中的原价和实际价格却没有改变，因为这两列所引用的是单元格数据并未发生变化。只有将新的价格填入到原来价格所在的单元格，才能保证相关数据的自动更新。选中新价格所在的G3:G26区域，将其复制、粘贴到原价格所在的F3:F26区域，结果如图5-18所示。

这是因为G3单元格中引用的F3单元格是相对引用，复制到F3单元格后，公式自动变化为"=E3*(1-2%)"，因而得不到预期的结果。

如果直接在F3单元格输入公式"=F3*(1-2%)"，则会因单元格循环引用而报警。

所以，这里需要使用"选择性粘贴"。先如前面所说在G3:G26区域计算出新价格，选中该区域，执行复制操作；选中F3:F26区域，右击，在弹出的快捷菜单中选择"选择性粘贴"命令，打开"选择性粘贴"对话框，在"粘贴"区域选中"数值"单选按钮，并

单击"确定"按钮，结果如图5-19所示。

	A	B	C	D	E	F	G
1				房屋基本信息			
2	楼号	别墅类型	户型	房屋面积（平方米）	花园面积（平方米）	价格	
3	A101	联排	四室两厅三卫	168.55	50.00	49	48.02
4	A102	联排	四室两厅三卫	168.55	50.00	49	48.02
5	A103	联排	四室两厅三卫	168.55	50.00	49	48.02
6	A104	联排	四室两厅三卫	168.55	50.00	49	48.02
7	A105	联排	四室两厅三卫	168.55	50.00	49	48.02
8	A106	联排	四室两厅三卫	168.55	50.00	49	48.02
9	A201	联排	五室三厅四卫	205.68	65.00	63.7	62.426
10	A202	联排	五室三厅四卫	205.68	65.00	63.7	62.426
11	A203	联排	五室三厅四卫	205.68	65.00	63.7	62.426
12	A204	联排	五室三厅四卫	205.68	65.00	63.7	62.426
13	A205	联排	五室三厅四卫	205.68	65.00	63.7	62.426
14	A206	联排	五室三厅四卫	205.68	65.00	63.7	62.426
15	B101	双拼	四室三厅四卫	228.00	100.00	98	96.04
16	B102	双拼	四室三厅四卫	228.00	100.00	98	96.04
17	B201	双拼	四室三厅四卫	228.00	100.00	98	96.04
18	B202	双拼	四室三厅四卫	228.00	100.00	98	96.04
19	B301	双拼	五室三厅五卫	353.00	200.00	196	192.08
20	B302	双拼	五室三厅五卫	353.00	200.00	196	192.08
21	B401	双拼	五室三厅五卫	353.00	200.00	196	192.08
22	B402	双拼	五室三厅五卫	353.00	200.00	196	192.08
23	C001	独栋	七室三厅五卫	450.00	400.00	392	384.16
24	C002	独栋	七室三厅五卫	450.00	400.00	392	384.16
25	C003	独栋	七室三厅五卫	450.00	400.00	392	384.16
26	C004	独栋	七室三厅五卫	450.00	400.00	392	

图 5-18　公式复制、粘贴结果

	楼号	别墅类型	户型	房屋面积（平方米）	花园面积（平方米）	价格
2						
3	A101	联排	四室两厅三卫	168.55	50.00	￥2,124,640.00
4	A102	联排	四室两厅三卫	168.55	50.00	￥2,124,640.00
5	A103	联排	四室两厅三卫	168.55	50.00	￥2,124,640.00
6	A104	联排	四室两厅三卫	168.55	50.00	￥2,124,640.00
7	A105	联排	四室两厅三卫	168.55	50.00	￥2,124,640.00
8	A106	联排	四室两厅三卫	168.55	50.00	￥2,124,640.00
9	A201	联排	五室三厅四卫	205.68	65.00	￥2,438,240.00
10	A202	联排	五室三厅四卫	205.68	65.00	￥2,438,240.00
11	A203	联排	五室三厅四卫	205.68	65.00	￥2,438,240.00
12	A204	联排	五室三厅四卫	205.68	65.00	￥2,438,240.00
13	A205	联排	五室三厅四卫	205.68	65.00	￥2,438,240.00
14	A206	联排	五室三厅四卫	205.68	65.00	￥2,438,240.00
15	B101	双拼	四室三厅四卫	228.00	100.00	￥3,300,640.00
16	B102	双拼	四室三厅四卫	228.00	100.00	￥3,300,640.00
17	B201	双拼	四室三厅四卫	228.00	100.00	￥3,300,640.00
18	B202	双拼	四室三厅四卫	228.00	100.00	￥3,300,640.00
19	B301	双拼	五室三厅五卫	353.00	200.00	￥5,476,240.00
20	B302	双拼	五室三厅五卫	353.00	200.00	￥5,476,240.00
21	B401	双拼	五室三厅五卫	353.00	200.00	￥5,476,240.00
22	B402	双拼	五室三厅五卫	353.00	200.00	￥5,476,240.00
23	C001	独栋	七室三厅五卫	450.00	400.00	￥10,662,400.00
24	C002	独栋	七室三厅五卫	450.00	400.00	￥10,662,400.00
25	C003	独栋	七室三厅五卫	450.00	400.00	￥10,662,400.00
26	C004	独栋	七室三厅五卫	450.00	400.00	￥10,662,400.00

图 5-19　选择性粘贴使用

此时"销售信息表"中的原价和实际价格会相应改变。

员工编号的更新可参照前面的方法进行：在"销售员工信息表"的F3单元格中输入公式"="20130573"＆"A3"，并将该公式复制填充到F4：F14区域；选中F3：F14区域，执行复制操作；在E3单元格右击，在弹出的快捷菜单中选择"选择性粘贴"命令，在"粘贴"区域选中"数值"单选框，单击"确定"按钮。

三、统计销售业绩

制作销售员工业绩表，统计出每位销售员工的销售业绩，并排出名次。

① 在"销售信息表"的I1单元格输入"销售员工"，并对照"客户资料表"中的"服务代表"输入相应销售员工姓名，如图5-20所示。

	A	B	C	D	E	F	G	H	I
1	客户编号	楼号	预定日期	一次性付款	原价	折扣1	折扣2	实际价格	销售员工
2	001	B101	2013-1-5	是	￥3,368,000.00	5%	0.01	￥3,167,604.00	于丽丽
3	002	A206	2013-1-12	否	￥2,488,000.00	0%	0	￥2,488,000.00	金的的
4	003	B201	2013-2-25	是	￥3,368,000.00	5%	0.01	￥3,167,604.00	陈可
5	003	B202	2013-2-25	是	￥3,368,000.00	5%	0.01	￥3,167,604.00	陈可
6	004	B102	2013-4-6	否	￥3,368,000.00	0%	0.01	￥3,334,320.00	于丽丽
7	005	C001	2013-4-15	是	￥10,880,000.00	5%	0.03	￥10,025,920.00	张国丰
8	006	A106	2013-4-19	是	￥2,168,000.00	5%	0	￥2,059,600.00	黄大伟
9	007	A201	2013-4-23	否	￥2,488,000.00	5%	0	￥2,488,000.00	李思
10	008	A101	2013-4-27	是	￥2,168,000.00	5%	0	￥2,059,600.00	王晋
11	009	A102	2013-4-30	是	￥2,168,000.00	5%	0	￥2,059,600.00	齐明明
12	010	A202	2013-5-4	否	￥2,488,000.00	5%	0	￥2,488,000.00	吴姗姗
13	011	C002	2013-5-6	是	￥10,880,000.00	5%	0.03	￥10,025,920.00	姜新月
14	012	A103	2013-5-6	是	￥2,168,000.00	5%	0	￥2,059,600.00	毛华新
15	013	A104	2013-5-12	是	￥2,168,000.00	5%	0	￥2,059,600.00	黄大伟
16	014	A105	2013-5-26	否	￥2,168,000.00	5%	0	￥2,168,000.00	姜新月
17	015	B301	2013-6-17	是	￥5,588,000.00	5%	0.02	￥5,202,428.00	陈可
18	016	B401	2013-6-18	是	￥5,588,000.00	5%	0.02	￥5,202,428.00	李思
19	016	B402	2013-6-18	是	￥5,588,000.00	5%	0.02	￥5,202,428.00	李思

图 5-20　销售员工姓名输入

② 插入一张新工作表，命名为"销售员工业绩表"。在A1:C1单元格依次输入"销售员工"、"个人总销售额"和"排名"。将"销售员工信息表"中"姓名"下的员工姓名复制到"销售员工业绩表"的"销售员工"列中。

"个人总销售额"的计算需要使用SUMIF函数。SUMIF函数的作用是对指定区域中符合指定条件的值求和。其基本格式为：

SUMIF(range, criteria, [sum_range])

- range 为必选参数，指定用于条件计算的单元格区域。每个区域中的单元格都必须是数字或名称、数组或包含数字的引用。空值和文本值将被忽略。
- criteria 也是必选参数，用于指定条件，其形式可以为数字、表达式、单元格引用、文本或函数。任何文本条件或任何含有逻辑或数学符号的条件都必须使用英文双引号括起来。如果条件为数字，则无须使用双引号。
- sum_range 是可选参数，指定要求和的实际单元格区域。如果 sum_range 参数被省略，Excel 会对在 range 参数中指定的单元格求和。

③ 选中B2单元格，单击编辑栏左侧的"插入函数"按钮 f_x，在打开的对话框中选择

SUMIF函数，如图5-21所示。单击"确定"按钮后打开如图5-22所示的"函数参数"对话框。

图 5-21　"插入函数"对话框

图 5-22　"函数参数"对话框

④ 选中Range后的文本框，再用鼠标单击"销售信息表"标签，拖动鼠标，选中"销售员工"列下的所有姓名，回到"函数参数"对话框，选中文本框中的内容，再按下【F4】键。选中Criteria后的文本框，再单击"销售员工业绩表"中的A2单元格。

⑤ 将鼠标定位在函数参数对话框的Sum_range后的文本框内，单击"销售信息表"标签，拖动鼠标，选中"实际价格"列下的所有数据，回到"函数参数"对话框，选中文本框中内容，再按下键盘上的【F4】键，如图5-23所示。

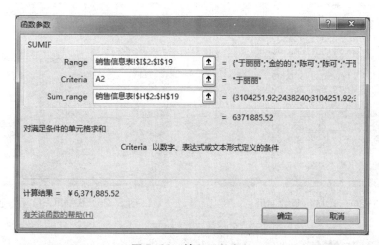

图 5-23　输入函数参数

⑥ 单击"确定"按钮即在B2单元格计算出于丽丽的个人总销售额。

此时编辑栏内显示B2单元格的公式为"=SUMIF（销售信息表!$I$2:$I$19，A2，销售信息表!$H$2:$H$19）"。其中参数"销售信息表!$I$2:$I$19"表示要用条件检验的区域是

"销售信息表"中I2：I29区域（即所有的销售员工姓名），而条件则是要等于A2单元格的内容（即"于丽丽"），如果条件满足，则将"销售信息表"中H2:H19区域（即所有的实际房价）中对应的单元格求和。

注意： 因为要复制此公式来求其他人的总销售额，而条件检验区域和实际求和区域又是不变的，唯一变化的是条件中的员工姓名，所以公式中，参数Range和参数Sum_range均要使用绝对引用（$I$2:$I$19和$H$2:$H$19），而参数Criteria则要使用相对引用（A2）。

⑦ 使用填充柄向下填充即可求出所有人的个人总销售额，如图5-24所示。

"排名"的计算需要使用RANK.EQ函数。RANK.EQ函数的作用是返回某一个数字在一段数字列表中的排位。其大小与列表中的其他值相关。如果多个值具有相同的排位，则返回该组数值的最高排位。

RANK.EQ函数的基本格式为：

RANK.EQ(number, ref, [order])

- number 是必选参数，指定需要找到排位的数字。
- ref 也是必选参数，指定参与排位的数字列表数组或区域。Ref中的非数值型数据将被忽略。
- order 是可选参数，指明数字排位的方式。如果 order 为 0 或省略，将按照降序排列；如果 order 不为零，则按照升序排列。

在C2单元格输入公式"=RANK.EQ(B2，$B$2:$B$13)"，即可得到于丽丽的销售排名。再使用填充柄向下填充求出所有人的销售排名，如图5-25所示。

图 5-24　SUMIF 函数使用　　　　图 5-25　RANK.EQ 函数应用

相关知识与技能

一、公式

在Excel中，公式是可以进行以下操作的表达式：执行计算、返回信息、操作其他单元格的内容、测试条件等。公式始终以等号（=）开头，其中可以包含常量、运算符、函数和引用。

常量是一个不是通过计算得出的值，它始终保持相同。例如，日期2013-6-18、数字210以及文本"每季度收入"都是常量。表达式以及表达式产生的值都不是常量。

运算符用于指定要对公式中的元素执行的计算类型。运算符分为4种不同类型：算术、比较、文本连接和引用。

1. 算术运算符

使用算术运算符可进行基本的数学运算（如加法、减法、乘法或除法）以及百分比和乘方运算。

表5-1列出了Excel中可用的算术运算符及其含义。

表 5-1　算术运算符

算术运算符	含　义	示　例
+（加号）	加法	3+3
-（减号）	减法	3-1
*（星号）	乘法	3*3
/（正斜杠）	除法	3/3
%（百分号）	百分比	20%
^（脱字号）	乘方	3^2

2. 比较运算符

可以使用表5-2所示运算符比较两个值。当使用这些运算符比较两个值时，结果为逻辑值TRUE或FALSE。

表 5-2　比较运算符

比较运算符	含　义	示　例
=（等号）	等于	A1=B1
>（大于号）	大于	A1>B1
<（小于号）	小于	A1<B1
>=（大于等于号）	大于或等于	A1>=B1
<=（小于等于号）	小于或等于	A1<=B1
<>（不等号）	不等于	A1<>B1

3. 文本连接运算符

可以使用&连接一个或多个文本字符串，以生成一段文本。例如，"North" & "wind"的结果为"Northwind"。

4. 引用运算符

可以使用表5-3所示运算符对单元格区域进行合并计算。

表5-3　引用运算符

引用运算符	含　义	示　例
：（冒号）	区域运算符，生成一个对两个引用之间所有单元格的引用（包括这两个引用）	B5:B15
，（逗号）	联合运算符，将多个引用合并为一个引用	SUM(B5:B15,D5:D15)
（空格）	交集运算符，生成一个对两个引用中共有单元格的引用	B7:D7　C6:C8

如果一个公式中有若干个运算符，Excel将按表5-4中的次序进行计算。如果一个公式中的若干个运算符具有相同的优先顺序（例如，如果一个公式中既有乘号又有除号），则Excel将从左到右计算各运算符，但可以使用括号更改该计算次序。

表5-4　运算符优先级

运　算　符	说　明
：（冒号）（单个空格），（逗号）	引用运算符
−	负数（如 −1）
%	百分比
^	乘方
* 和 /	乘和除
+ 和 −	加和减
&	连接两个文本字符串（串连）
=、<>、<=、>=、<>	比较运算符

二、函数

Excel中的函数其实是一些预定义的公式，通过使用一些称为参数的特定数值按特定的顺序或结构进行计算。参数可以是数字、文本、形如TRUE或FALSE的逻辑值、数组、形如"#N/A"的错误值或单元格引用。给定的参数必须能产生有效的值。

函数的结构以函数名称开始，后面是左圆括号、以逗号分隔的参数和右圆括号。例如，SUM（A1,10,D5）。

用户可以直接用它们对某个区域内的数值进行一系列运算，如分析和处理日期值和时间值、确定贷款的支付额、确定单元格中的数据类型、计算平均值、排序显示和运算文本数据等。

　　Excel函数一共有11类，分别是数据库函数、日期与时间函数、工程函数、财务函数、信息函数、逻辑函数、查询和引用函数、数学和三角函数、统计函数、文本函数以及用户自定义函数。

三、单元格引用

　　公式或函数中如果用到表格中现有的数据，可以使用单元格引用。通过单元格引用可以在一个公式中使用工作表不同部分包含的数据，也可以在多个公式中使用同一个单元格的值，还可以引用同一个工作簿中其他工作表上的单元格和其他工作簿中的数据。引用其他工作簿中的单元格被称为链接或外部引用。

　　默认情况下，Excel使用A1引用样式，即通过列标和行号来引用某个单元格。例如，B2表示引用列B和行2交叉处的单元格。常见形式如表5-5所示。

表5-5　单元格引用

引 用 样 式	引 用 区 域
A10:E20	列 A 到列 E 和行 10 到行 20 之间的单元格区域
B15:E15	在行 15 和列 B 到列 E 之间的单元格区域
5:5	行 5 中的全部单元格
5:10	行 5 到行 10 之间的全部单元格
H:H	列 H 中的全部单元格
H:J	列 H 到列 J 之间的全部单元格

　　单元格引用可以分为绝对引用、相对引用和混合引用。

　　1. 相对引用

　　公式中的相对单元格引用记录的是被引用单元格与引用单元格的相对位置。如果公式所在单元格的位置改变，被引用单元格也随之改变。默认情况下，公式使用相对引用。例如，单元格B2中的公式为"=A1"，如果将其中的公式复制或填充到单元格B3，则单元格B3中的公式将自动调整为"=A2"。

　　2. 绝对引用

　　公式中的绝对单元格引用记录的是被引用单元格的绝对信息，总是引用指定位置单元格。绝对引用的表示方式是在列标和行号前分别加上"$"，例如"$A$1"。如果公式所在单元格的位置改变，绝对引用将保持不变。例如，单元格B2中的公式为"=$A$1"，如果将其中的公式复制或填充到单元格B3，则该绝对引用在两个单元格中一样，都是"=$A$1"。

　　3. 混合引用

　　混合引用是指列标和行号其中之一采用了相对引用，另一部分则采用绝对引用。绝对引用列采用"$A1""$B1"等形式。绝对引用行采用"A$1""B$1"等形式。如果公式所在单元格的位置改变，则相对引用将改变，而绝对引用将不变。例如，单元格A2中的公式为"=A$1"，如果将其中的公式复制或填充到单元格B3，则公式将调整为"=B$1"。

四、名称

在Excel中，名称是代表单元格、单元格区域、公式或常量值的单词或字符串。名称必须符合下列规则：

① 名称中的第一个字符必须是字母、下画线或反斜杠"\"。名称中的其余字符可以是字母、数字、句点和下画线。

② 名称不能与单元格引用相同（例如Z$100或R1C1）。

③ 在名称中不允许使用空格。

④ 一个名称最多可以包含255个字符。

注意：默认情况下，名称使用绝对单元格引用。

名称的相关操作集中在"公式"选项卡的"定义的名称"组中，如图5-26所示。可以通过"定义名称"和"根据所选内容创建"来创建名称，也可以通过名称管理器来编辑管理名称。

图 5-26　名称管理器

五、选择性粘贴

选择性粘贴是Excel强大的功能之一，通过使用选择性粘贴，用户能够将剪贴板中的内容粘贴为不同于内容源的格式。Excel"选择性粘贴"对话框如图5-27所示。可以将其划成4个区域，从上到下依次是粘贴区域、运算区域、特殊处理设置区域、按钮区域。其中，粘贴、运算、特殊处理设置相互之间，可以同时使用。例如，可以在粘贴区域选择"公式"，然后在运算区域选择"加"，同时还可以在特殊设置区域选择"跳过空单元"和"转置"，单击"确定"按钮后，所有选择的项目都会粘贴上。

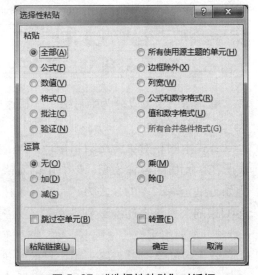

图 5-27　"选择性粘贴"对话框

粘贴区域各项功能如下：

① 全部：包括内容和格式等，其效果等于直接粘贴。

② 公式：只粘贴文本和公式，不粘贴字体、格式（字体、对齐、文字方向、数字格式、底纹等）、边框、注释、内容校验等。

③ 数值：只粘贴文本，如果单元格的内容是公式，则只粘贴计算结果。

④ 格式：仅粘贴源单元格格式，但不能粘贴单元格的有效性。粘贴格式，包括字体、

对齐、文字方向、边框、底纹等，不改变目标单元格的文字内容，功能相当于格式刷。

⑤ 批注：把源单元格的批注内容复制过来，不改变目标单元格的内容和格式。

⑥ 验证：将复制单元格的数据验证规则粘贴到粘贴区域，只粘贴有效性验证内容，其他的保持不变。

⑦ 边框除外：粘贴除边框外的所有内容和格式，保持目标单元格和源单元格相同的内容和格式。

⑧ 列宽：将某个列宽或列的区域粘贴到另一个列或列的区域，使目标单元格和源单元格拥有同样的列宽，不改变内容和格式。

⑨ 公式和数字格式：仅从选中的单元格粘贴公式和所有数字格式选项。

⑩ 值和数字格式：仅从选中的单元格粘贴值和所有数字格式选项。

运算区域各项功能如下：

① 无：对源区域，不参与运算，按所选择的粘贴方式粘贴。

② 加：把源区域内的值，与新区域相加，得到相加后的结果。

③ 减：把源区域内的值，与新区域相减，得到相减后的结果。

④ 乘：把源区域内的值，与新区域相乘，得到相加乘的结果。

⑤ 除：把源区域内的值，与新区域相除，得到相除后的结果。

特殊处理设置区域各项功能如下：

① 跳过空单元格：当复制的源数据区域中有空单元格时，粘贴时空单元格不会替换粘贴区域对应单元格中的值。

② 转置：将被复制数据的列变成行，将行变成列。源数据区域的顶行将位于目标区域的最左列，而源数据区域的最左列将显示于目标区域的顶行。

按钮区域各项功能如下：

① 粘贴链接：将被粘贴数据链接到活动工作表，粘贴后的单元格将显示公式。例如，将A1单元格复制后，通过"粘贴链接"粘贴到D8单元格，则D8单元格的内容为公式"=$A$1"。粘贴过来的是"=源单元格"这样的公式，而不是单元格的内容。

② 确定：执行操作。

③ 取消：放弃所选择的操作。

技巧与提高

一、查找与引用函数的应用

在计算折扣率和房价"销售信息表"中的原价是按楼号对照"房屋基本信息表"中的价格手工输入的。这样做操作烦琐而且效率低下。使用"查找与引用函数"中的VLOOKUP函数可以大大提高效率。

VLOOKUP函数的作用是在指定区域的首列查找指定的值，并由此返回指定区域对应行中其他列的值。

VLOOKUP函数的基本格式如下：

VLOOKUP(lookup_value, table_array, col_index_num, range_lookup)

① Lookup_value是需要在指定区域第一列中查找的数值，可以为数值或引用。

② table_array为指定区域，使用对区域或区域名称的引用，将在此区域的第一列中搜索lookup_value的值。如果搜索到，则会返回此区域中某列（由后面的参数Col_index_num指定）对应行的数据。

③ col_index_num为指定区域中待返回的匹配值的列序号。col_index_num为1时，返回table_array第一列中的数值；col_index_num为2时，返回table_array第二列中的数值，依此类推。如果col_index_num小于1或大于table_array的列数，则VLOOKUP返回错误值"#VALUE!"。

④ range_lookup为逻辑值，指定VLOOKUP查找时，是精确的匹配值还是近似匹配值。如果为TRUE或省略，则返回精确匹配值或近似匹配值。也就是说，如果找不到精确匹配值，则返回小于lookup_value的最大数值。此时，table_array第一列中的值必须以升序排序，否则VLOOKUP可能无法返回正确的值。如果为FALSE，VLOOKUP将只寻找精确匹配值。如果找不到精确匹配值，则返回错误值"#N/A"。

下面是在"销售信息表中"，根据楼号查找引用房屋价格的具体操作步骤：

① 选中E2单元格，单击编辑栏左侧的"插入函数"按钮 f_x ，在弹出的对话框中找到"查找与引用"中的VLOOKUP函数，单击"确定"按钮后出现"函数参数"对话框，设置各项参数，单击"确定"按钮完成，如图5-28所示。

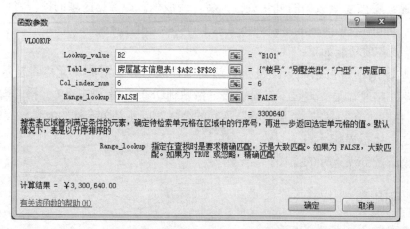

图 5-28　设置 VLOOKUP 函数对话框

注意： 房屋基本信息表的$A$2:$F$26区域需使用绝对引用。

② 将E2单元格的公式复制填充到E3:E19区域。

和VLOOKUP函数功能类似的还有HLOOKUP函数和LOOKUP函数。

HLOOKUP函数的格式、功能与VLOOKUP函数基本相同，但是在指定区域中横向搜索（即按行搜索）。

LOOKUP函数既能横向搜索，又能纵向搜索，但搜索时只能是近似匹配。基本格式为：

LOOKUP(lookup_value, lookup_vector, result_vector)

其中lookup_value为要搜索的值；lookup_vector是搜索区域；result_vector是返回值区域。即在lookup_vector搜索lookup_value，找到后返回result_vector中对应的值。这里lookup_vector和result_vector都必须同为单行或单列区域，而且二者的区域大小要相同。

下面是在"销售信息表中"，使用LOOKUP函数填入销售员工姓名的具体操作步骤：

① 选中I2单元格；单击编辑栏左侧的"插入函数"按钮 *f*，在弹出的对话框中找到"查找与引用"中的LOOKUP函数；单击"确定"按钮后出现"函数参数"对话框；设置各项参数，单击"确定"按钮完成，如图5-29所示。

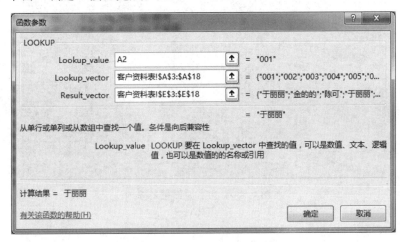

图 5-29　设置 LOOKUP 参数

② 将I2单元格的公式复制填充到I3:I19区域。

二、使用名称

在公式和函数中经常要引用一些区域。通常是通过列举所在区域的单元格名称来实现的，例如"A2:F26""A1:A4，C2:C5"等。如果在某些操作中，经常要引用某个特定区域，这种方法就比较麻烦。如果事先给这个特定区域指定一个名称，那么对该区域的引用就可以通过名称来实现。

在前面使用VLOOKUP函数填充"销售信息表"中的原价时，公式为"=VLOOKUP（B2，房屋基本信息表!$A$2:$F$26，6，FALSE）"。其中，搜索区域的引用形式是"房屋基本信息表!$A$2:$F$26"。

现在可执行如下操作：

① 在"房屋基本信息表"中选中A2:F26区域，在名称框输入"SSQY"（见图5-30），按【Enter】键；

② 在"销售信息表"中将E2单元格的公式修改为"=VLOOKUP（B2，SSQY，6，FALSE)"，按【Enter】键。

可以看到，计算结果和原来一样，找出了对应的房价。

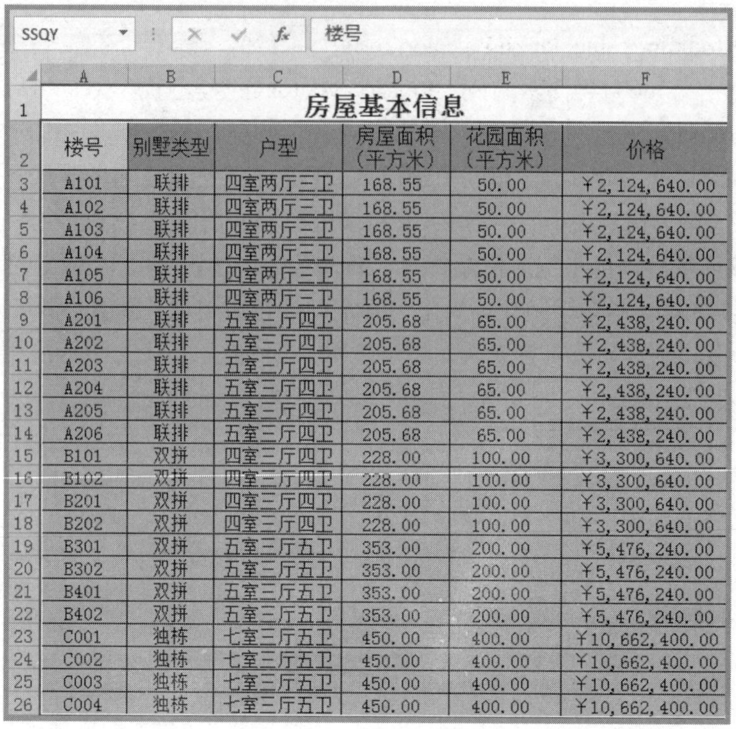

楼号	别墅类型	户型	房屋面积（平方米）	花园面积（平方米）	价格
A101	联排	四室两厅三卫	168.55	50.00	￥2,124,640.00
A102	联排	四室两厅三卫	168.55	50.00	￥2,124,640.00
A103	联排	四室两厅三卫	168.55	50.00	￥2,124,640.00
A104	联排	四室两厅三卫	168.55	50.00	￥2,124,640.00
A105	联排	四室两厅三卫	168.55	50.00	￥2,124,640.00
A106	联排	四室两厅三卫	168.55	50.00	￥2,124,640.00
A201	联排	五室三厅四卫	205.68	65.00	￥2,438,240.00
A202	联排	五室三厅四卫	205.68	65.00	￥2,438,240.00
A203	联排	五室三厅四卫	205.68	65.00	￥2,438,240.00
A204	联排	五室三厅四卫	205.68	65.00	￥2,438,240.00
A205	联排	五室三厅四卫	205.68	65.00	￥2,438,240.00
A206	联排	五室三厅四卫	205.68	65.00	￥2,438,240.00
B101	双拼	四室三厅四卫	228.00	100.00	￥3,300,640.00
B102	双拼	四室三厅四卫	228.00	100.00	￥3,300,640.00
B201	双拼	四室三厅四卫	228.00	100.00	￥3,300,640.00
B202	双拼	四室三厅四卫	228.00	100.00	￥3,300,640.00
B301	双拼	五室三厅五卫	353.00	200.00	￥5,476,240.00
B302	双拼	五室三厅五卫	353.00	200.00	￥5,476,240.00
B401	双拼	五室三厅五卫	353.00	200.00	￥5,476,240.00
B402	双拼	五室三厅五卫	353.00	200.00	￥5,476,240.00
C001	独栋	七室三厅五卫	450.00	400.00	￥10,662,400.00
C002	独栋	七室三厅五卫	450.00	400.00	￥10,662,400.00
C003	独栋	七室三厅五卫	450.00	400.00	￥10,662,400.00
C004	独栋	七室三厅五卫	450.00	400.00	￥10,662,400.00

图 5-30　为区域指定名称

三、数组公式

表格中经常会有批量数据的处理。例如，要计算"销售信息表"中所有客户的折扣以及实际房价。通常采用的方法是复制公式，利用单元格相对引用时会自动调整的特点来实现。其实，批量数据的处理在Excel中也可借助数据公式来实现。

数组是项的集合。在Excel中，这些项可以位于一行（称为一维水平数组）中，也可位于一列（称为一维垂直数组）中或多行和多列（二维数组）中。在Excel中无法创建三维数组或三维数组公式。

数组公式是指可以在数组的一项或多项上执行多个计算的公式。数组公式对两组或多组名为数组参数的值执行运算。每个数组参数都必须有相同数量的行和列。输入数组公式时最后要按【Ctrl+Shift+Enter】组合键，在编辑栏内产生一对大括号，其他的都与创建其他公式的方法相同。

注意：如果手动输入大括号，公式将转换为文本字符串，大括号并不起作用。

数组公式可以返回多个结果，也可返回一个结果。例如，可以将数组公式放入单元格区域中，并使用数组公式计算列或行的小计。也可以将数组公式放入单个单元格中，然后计算单个量。位于多个单元格中的数组公式称为多单元格公式，位于单个单元格中的数组公式称为单个单元格公式。

下面是利用数组公式计算"销售信息表"中实际房价和总房价的具体步骤：

① 选中H2:H19区域，在编辑栏输入公式"=E2:E19*(1−F2:F19)*(1−G2:G19)"，按【Ctrl+Shift+Enter】组合键，编辑栏公式会变为"{=E2:E19*(1−F2:F19)*(1−G2:G19)}"，表明现在是数组公式，按【Enter】键确认，即可求出所有的实际房价。

② 选中H20单元格，在编辑栏输入公式"=SUM(E2:E19*(1−F2:F19)*(1−G2:G19))"，按【Ctrl+Shift+Enter】组合键，编辑栏公式会变为"{=SUM(E2:E19*(1−F2:F19)*(1−G2:G19))}"，按【Enter】键确认，即可求出总房价。

创新作业

① "销售信息表"中计算"折扣2"所使用的IF函数嵌套，还有其他的表示形式吗？

② 要将所有员工编号在原来编号的前面增加"20130573"，除了选择性粘贴，还有其他方法吗？

③ 利用现有表格及数据，制作一张"新销售信息表"，内容如图5-31所示。（提示：求月份可用MONTH函数）

	A	B	C	D	E	F	G
1	客户编号	楼号	别墅类型	户型	售出月分	实际价格	销售员工
2	001	B101	双拼	四室三厅四卫	1	￥3,104,251.92	于丽丽
3	002	A206	联排	五室三厅四卫	1	￥2,438,240.00	金的的
4	003	B201	双拼	四室三厅四卫	2	￥3,104,251.92	陈可
5	003	B202	双拼	四室三厅四卫	2	￥3,104,251.92	陈可
6	004	B102	双拼	四室三厅四卫	4	￥3,267,633.60	于丽丽
7	005	C001	独栋	七室三厅五卫	4	￥9,825,401.60	张国丰
8	006	A106	联排	四室两厅三卫	4	￥2,018,408.00	黄大伟
9	007	A201	联排	五室三厅四卫	4	￥2,438,240.00	李思
10	008	A101	联排	四室两厅三卫	4	￥2,018,408.00	王晋
11	009	A102	联排	四室两厅三卫	4	￥2,018,408.00	齐明明
12	010	A202	联排	五室三厅四卫	5	￥2,438,240.00	吴姗姗
13	011	C002	独栋	七室三厅五卫	5	￥9,825,401.60	姜新月
14	012	A103	联排	四室两厅三卫	5	￥2,018,408.00	毛华新
15	013	A104	联排	四室两厅三卫	5	￥2,018,408.00	黄大伟
16	014	A105	联排	四室两厅三卫	6	￥2,124,640.00	姜新月
17	015	B301	双拼	五室三厅五卫	6	￥5,098,379.44	陈可
18	016	B401	双拼	五室三厅五卫	6	￥5,098,379.44	李思
19	016	B402	双拼	五室三厅五卫	6	￥5,098,379.44	李思

图 5-31 新销售信息表

项目三 新产品销售数据统计分析——统计分析及图表制作

项目描述

为了公司能够更好发展，作为公司的管理层，通常都会关注诸如此类的一些问题：

① 哪些员工的销售业绩比较好，哪些员工的销售业绩比较差？

② 这段时间的销售额变化有什么规律？

③ 这个月谁的销售额最高？

④ 哪种户型的房屋销售形势较好？

要回答这些问题，当然要通过数据说话。但解答这些问题，并不是说对数据进行各种计算就可以了，很多时候需要对数据进行对比分析，分类比较，从中找出轨迹或规律。有时为了能够更直观地观察和分析，还需要将数据转换成图形或曲线来研究。所以，需要对数据进行统计分析。

项目分析

Excel不仅具有很强的数据计算和处理能力，而且还具有强大的数据管理与分析能力。

可以使用Excel对工作表中的数据进行排序、筛选和分类汇总；还可以使用Excel的图表功能将数据转换成直观的图形和曲线；可以通过设置条件格式突出显示特殊数据，方便对比；还可以使用数据透视表对工作表的数据进行重组，对特定的数据行或数据列进行各种概要分析，并且可以生成数据透视图，直观地表示分析结果。

项目实现

一、找出"销售员工业绩表"中个人销售总额的前两名和后两名

新产品销售数据统计分析

相关知识点及实现方法请扫描二维码，打开相关视频进行学习。

方法一：通过排序来实现。

将鼠标定位在"销售员工业绩表"中"个人总销售额"下的任意一个数据上，再单击"数据"选项卡"排序和筛选"组中的降序排序按钮，即可使"销售员工业绩表"的内容按"个人总销售额"从高到低排列，最前面的两条记录和最后面的两条记录就是个人销售总额的前两名和后两名。

方法二：通过筛选来实现。

① 将鼠标定位在B1单元格，再单击"数据"选项卡"排序和筛选"组中的筛选按钮。这时B1单元格内会出现下拉按钮，如图5-32所示。

	A	B	C
1	销售员	个人总销售额	排名
2	于丽丽	￥6,371,885.52	5
3	陈可	￥11,306,883.28	3
4	黄大伟	￥4,036,816.00	6
5	齐明明	￥2,018,408.00	9
6	李思	￥12,634,998.88	1
7	王晋	￥2,018,408.00	9
8	毛华新	￥2,018,408.00	9
9	金的的	￥2,438,240.00	7
10	姜新月	￥11,950,041.60	2
11	张楚玉	￥0.00	12
12	吴姗姗	￥2,438,240.00	7
13	张国丰	￥9,825,401.60	4

图 5-32　筛选结果

图 5-33　设置筛选条件

② 单击下拉按钮，选择下拉菜单中"数字筛选"里的"前10项"，打开如图5-33所示对话框。

③ 将对话框中的10改为2，单击"确定"按钮。这时表格里就只剩下个人销售总额前两名的记录，其余记录被隐藏起来，如图5-34所示。

④ 再次单击B1单元格中的下拉按钮，选择下拉菜单中"数字筛选"里的"前10项"，这次将对话框中的"最大"改为"最小"，单击"确定"按钮，如图5-35所示。

图 5-34　筛选结果　　　　　　　图 5-35　设置自动筛选

此时表格内保留的就是个人销售总额后两名的记录，如图5-36所示。

如果要重新显示所有数据，再次单击筛选工具，取消应用即可。

方法三：通过条件格式实现。

① 选中B2：B13区域，单击"开始"选项卡"样式"组中的"条件格式"按钮，在下拉菜单中选择"最前/最后规则"中的"前10项"。在弹出的对话框中，将10改为2，并将"设置为"设为"自定义格式"，如图5-37所示。自定义格式设为字体加粗。

图 5-36　筛选结果　　　　　　　图 5-37　自定义格式

② 再次单击"条件格式"按钮，在下拉菜单中选择"最前/最后规则"中的"最后10项"。在弹出的对话框中，将10改为2，并将"设置为"设为"浅红色填充"，如图5-38所示。

此时，表格中已加粗显示的数据就是个人销售总额前两名的数据，以浅红色填充显示的数据就是个人销售总额后两名的数据，如图5-39所示。

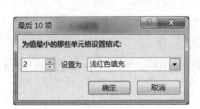

图 5-38　设置条件格式　　　　　图 5-39　筛选结果

二、通过柱形图来比较每个员工的销售业绩

将数据用图形表示出来能够更直观地进行对比分析。在Excel中，利用它的图表功能可以很方便地将表格中的数据转换成各种图形，并且图表中的图形会根据表格中数据的修改而自动调整。

选中"销售员工业绩表"中的A1:B13区域，单击"插入"选项卡"图表"组中的"柱形图"按钮，在下拉菜单中选择二维图形中的第一个（簇状柱形图），如图5-40所示。

在表格内出现如图5-41所示柱形图。此时，每个员工的个人销售总额就可以通过柱形的高低很直观地反映出来。

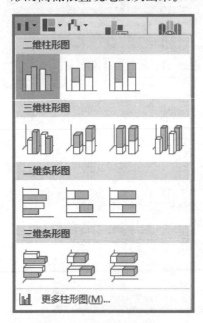

图 5-40　图表类型选择

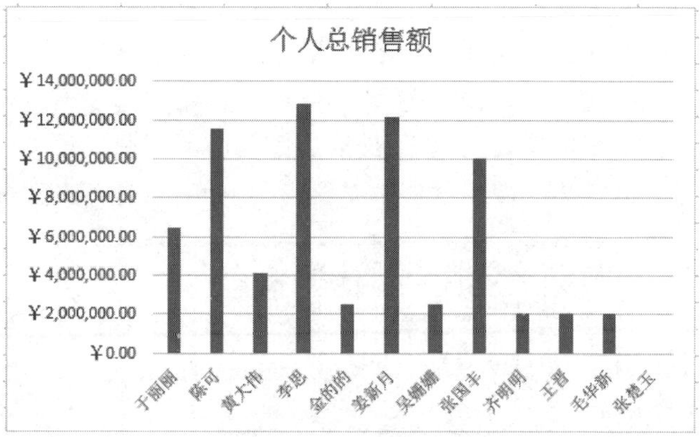

图 5-41　图表

三、统计"新销售信息表"中每个月份的销售总额

① 选中"新销售信息表"中A1:G19区域，单击"数据"选项卡"排序和筛选"组中的"排序"按钮 ，在弹出的对话框中设置"主要关键字"为"售出月份"，"排序依据"为"数值"，"次序"为"升序"。再单击对话框中的"添加条件"按钮，设置"次要关键字"为"别墅类型"，"排序依据"为"单元格值"，"次序"为"升序"，如图5-42所示。单击"确定"按钮，将表格数据按"售出月份"和"别墅类型"排序。

② 单击"数据"选项卡"分级显示"组中的"分类汇总"按钮 ，在弹出的对话框中设置"分类字段"为"售出月份"，"汇总方式"为"求和"，"选定汇总项"为"实际价格"，其他使用默认值，如图5-43所示。

③ 单击"确定"按钮后，表格数据即按"售出月份"进行了分类汇总，如图5-44所示。

图 5-42 "排序"对话框

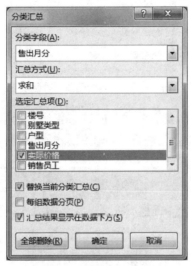

图 5-43 "分类汇总"对话框

1 2 3		A	B	C	D	E	F	G
	1	客户编号	楼号	别墅类型	户型	售出月分	实际价格	销售员工
	2	002	A206	联排	五室三厅四卫	1	¥2,438,240.00	金的的
	3	001	B101	双拼	四室三厅四卫	1	¥3,104,251.92	于丽丽
	4					1 汇总	¥5,542,491.92	
	5	003	B201	双拼	四室三厅四卫	2	¥3,104,251.92	陈可
	6	003	B202	双拼	四室三厅四卫	2	¥3,104,251.92	陈可
	7					2 汇总	¥6,208,503.84	
	8	005	C001	独栋	七室三厅五卫	4	¥9,825,401.60	张国丰
	9	006	A106	联排	四室两厅三卫	4	¥2,018,408.00	黄大伟
	10	007	A201	联排	五室三厅四卫	4	¥2,438,240.00	李思
	11	008	A101	联排	四室两厅三卫	4	¥2,018,408.00	王晋
	12	009	A102	联排	四室两厅三卫	4	¥2,018,408.00	齐明明
	13	004	B102	双拼	四室三厅四卫	4	¥3,267,633.60	于丽丽
	14					4 汇总	¥21,586,499.20	
	15	011	C002	独栋	七室三厅五卫	5	¥9,825,401.60	姜新月
	16	010	A202	联排	五室三厅四卫	5	¥2,438,240.00	吴姗姗
	17	012	A103	联排	四室两厅三卫	5	¥2,018,408.00	毛华新
	18	013	A104	联排	四室两厅三卫	5	¥2,018,408.00	黄大伟
	19	014	A105	联排	四室两厅三卫	5	¥2,124,640.00	姜新月
	20					5 汇总	¥18,425,097.60	
	21	015	B301	双拼	五室三厅五卫	6	¥5,098,379.44	陈可
	22	016	B401	双拼	五室三厅五卫	6	¥5,098,379.44	李思
	23	016	B402	双拼	五室三厅五卫	6	¥5,098,379.44	李思
	24					6 汇总	¥15,295,138.32	
	25					总计	¥67,057,730.88	

图 5-44 分类汇总结果

④ 再次单击"分类汇总"按钮，在弹出的对话框中将"分类字段"改为"别墅类型"，并取消选中"替换当前分类汇总"复选框，其余保持原值不变，如图5-45所示。

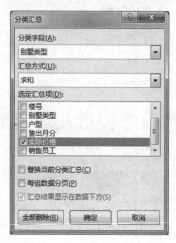

图5-45 "分类汇总"对话框

⑤ 单击"确定"按钮后，表格数据在先按"售出月份"进行分类汇总的前提下，又对每个月的销售额按"别墅类型"进行了分类汇总，如图5-46所示。

	A 客户编号	B 楼号	C 别墅类型	D 户型	E 售出月分	F 实际价格	G 销售员工
2	002	A206	联排	五室三厅四卫	1	¥2,438,240.00	金的的
3			联排 汇总			¥2,438,240.00	
4	001	B101	双拼	四室三厅四卫	1	¥3,104,251.92	于丽丽
5			双拼 汇总			¥3,104,251.92	
6					1 汇总	¥5,542,491.92	
7	003	B201	双拼	四室三厅四卫	2	¥3,104,251.92	陈可
8	003	B202	双拼	四室三厅四卫	2	¥3,104,251.92	陈可
9			双拼 汇总			¥6,208,503.84	
10					2 汇总	¥6,208,503.84	
11	005	C001	独栋	七室三厅五卫	4	¥9,825,401.60	张国丰
12			独栋 汇总			¥9,825,401.60	
13	006	A106	联排	四室两厅三卫	4	¥2,018,408.00	黄大伟
14	007	A201	联排	五室三厅四卫	4	¥2,438,240.00	李思
15	008	A101	联排	四室两厅三卫	4	¥2,018,408.00	王晋
16	009	A102	联排	四室两厅三卫	4	¥2,018,408.00	齐明明
17			联排 汇总			¥8,493,464.00	
18	004	B102	双拼	四室三厅四卫	4	¥3,267,633.60	于丽丽
19			双拼 汇总			¥3,267,633.60	
20					4 汇总	¥21,586,499.20	
21	011	C002	独栋	七室三厅五卫	5	¥9,825,401.60	姜新月
22			独栋 汇总			¥9,825,401.60	
23	010	A202	联排	五室三厅四卫	5	¥2,438,240.00	吴姗姗
24	012	A103	联排	四室两厅三卫	5	¥2,018,408.00	毛华新
25	013	A104	联排	四室两厅三卫	5	¥2,018,408.00	黄大伟
26	014	A105	联排	四室两厅三卫	5	¥2,124,640.00	姜新月
27			联排 汇总			¥8,599,696.00	
28					5 汇总	¥18,425,097.60	
29	015	B301	双拼	五室三厅五卫	6	¥5,098,379.44	陈可
30	016	B401	双拼	五室三厅五卫	6	¥5,098,379.44	李思
31	016	B402	双拼	五室三厅五卫	6	¥5,098,379.44	李思
32			双拼 汇总			¥15,295,138.32	
33					6 汇总	¥15,295,138.32	
34					总计	¥67,057,730.88	

图5-46 分类汇总结果

四、分析对比"新销售信息表"各月度各种类型别墅的销售情况

第三项中虽然利用分类汇总实现了数据的分类处理，但结果不够直观，尤其是多级分类，汇总结果多而分散，不方便对比。使用数据透视表和数据透视图就会更好一些。

选中"新销售信息表"所有数据，单击"分类汇总"按钮，在弹出的对话框中单击"全部删除"，取消原有的分类汇总。

选中A1:G19区域，单击"插入"选项卡"图表"组中的"数据透视图"下拉按钮，选"数据透视图和数据透视表"，在弹出的对话框中直接单击"确定"按钮。此时，Excel会自动插入一张新表，并切换到新表中。在新表的空白数据透视表区域单击任意单元格，在窗口右侧的"数据透视表字段"子窗口中，将"别墅类型"字段拖到下方的"列"框中，将"售出月份"字段拖到下方的"行"框中，将"实际价格"字段拖到下方的"值"框中，如图5-47所示。

此时，数据透视表区域中就会显示如图5-48所示数据。

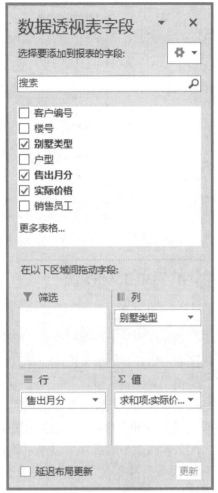

图 5-47　数据透视表字段列表

求和项:实际价格	列标签			
行标签	独栋	联排	双拼	总计
1		2438240	3104251.92	5542491.92
2			6208503.84	6208503.84
4	9825401.6	8493464	3267633.6	21586499.2
5	9825401.6	8599696		18425097.6
6			15295138.32	15295138.32
总计	19650803.2	19531400	27875527.68	67057730.88

图 5-48　数据透视表结果

同时，数据透视图区域会出现如图5-49所示的数据透视图。

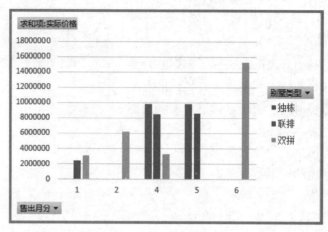

图 5-49 数据透视图

相关知识与技能

一、条件格式

条件格式基于条件更改单元格区域的外观。如果条件为True，则基于该条件设置单元格区域的格式；如果条件为False，则不基于该条件设置单元格区域的格式。

使用条件格式可以帮助用户直观地查看和分析数据、发现关键问题以及识别模式和趋势。条件格式能突出显示所关注的单元格或单元格区域，强调异常值，能使用数据条、颜色刻度和图标集来直观地显示数据。

条件格式中的条件可以通过新建规则来指定。单击"开始"选项卡"样式"组中的"条件格式"按钮，在下拉列表中选择"新建规则"，打开如图5-50所示"新建格式规则"对话框。

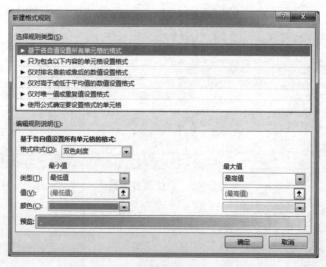

图 5-50 "新建格式规则"对话框

先在"选择规则类型"中设置规则类型，再到"编辑规则说明"中设置具体规则。例如，要将50~100之间的数据设为加粗并加删除线，则先在"选择规则类型"中选择"只为包含以下内容的单元格设置格式"，然后在"编辑规则说明"中设置单元格条件为介于50到100之间，再单击"格式"按钮，设置单元格格式为加粗、加删除线，如图5-51所示。

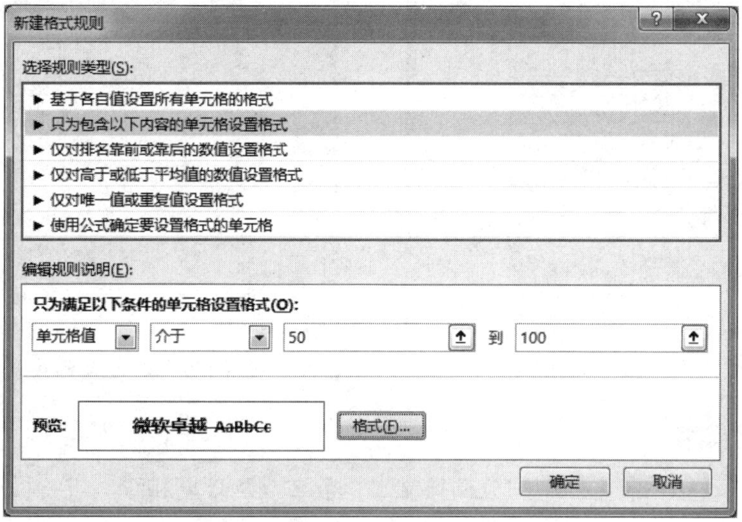

图 5-51 设置条件

除了自定义规则，Excel本身也提供了许多条件格式的效果，方便用户使用。如图5-52所示，下拉列表中的每一项都对应着若干子项供用户选择，并且用户可以对一些细节进行调整。

例如，选中"销售员工业绩表"中的B2:B13区域，选择条件格式中"数据条"下的"蓝色数据条"，就能将每个员工的总销售额以长短不一的数据条显示出来，如图5-53所示。

图 5-52 Excel 默认条件格式

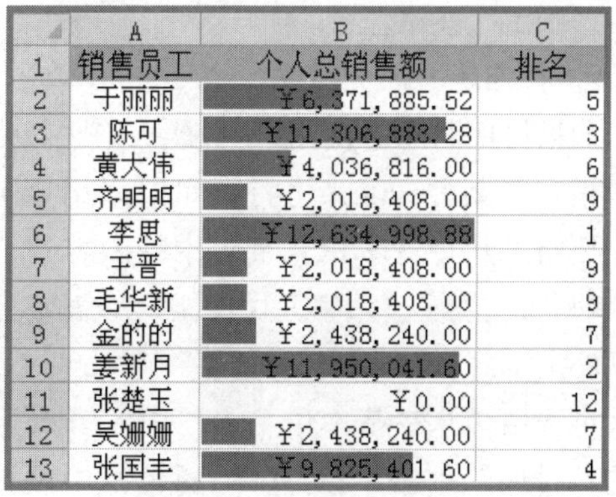

	A	B	C
1	销售员工	个人总销售额	排名
2	于丽丽	￥6,371,885.52	5
3	陈可	￥11,306,883.28	3
4	黄大伟	￥4,036,816.00	6
5	齐明明	￥2,018,408.00	9
6	李思	￥12,634,998.88	1
7	王晋	￥2,018,408.00	9
8	毛华新	￥2,018,408.00	9
9	金的的	￥2,438,240.00	7
10	姜新月	￥11,950,041.60	2
11	张楚玉	￥0.00	12
12	吴姗姗	￥2,438,240.00	7
13	张国丰	￥9,825,401.60	4

图 5-53 蓝色数据条

选择条件格式中"色阶"下的"白-绿色阶"，就能将每个员工的总销售额以深浅不一的绿色显示出来，如图5-54所示。

选择条件格式中"图标集"下的"三向箭头"，就能将每个员工的总销售额以方向不同的箭头显示出来，如图5-55所示。

	A	B	C
1	销售员工	个人总销售额	排名
2	于丽丽	¥6,371,885.52	5
3	陈可	¥11,306,883.28	3
4	黄大伟	¥4,036,816.00	6
5	齐明明	¥2,018,408.00	9
6	李思	¥12,634,998.88	1
7	王晋	¥2,018,408.00	9
8	毛华新	¥2,018,408.00	9
9	金的的	¥2,438,240.00	7
10	姜新月	¥11,950,041.60	2
11	张楚玉	¥0.00	12
12	吴姗姗	¥2,438,240.00	7
13	张国丰	¥9,825,401.60	4

图 5-54　白-绿色阶

	A	B	C
1	销售员工	个人总销售额	排名
2	于丽丽	➡ ¥6,371,885.52	5
3	陈可	⬆ ¥11,306,883.28	3
4	黄大伟	⬇ ¥4,036,816.00	6
5	齐明明	⬇ ¥2,018,408.00	9
6	李思	⬆ ¥12,634,998.88	1
7	王晋	⬇ ¥2,018,408.00	9
8	毛华新	⬇ ¥2,018,408.00	9
9	金的的	➡ ¥2,438,240.00	7
10	姜新月	⬆ ¥11,950,041.60	2
11	张楚玉	⬇ ¥0.00	12
12	吴姗姗	⬇ ¥2,438,240.00	7
13	张国丰	⬆ ¥9,825,401.60	4

图 5-55　三向箭头显示

二、数据排序

Excel可以对一列或多列中的数据按文本、数字以及日期和时间进行排序，还可以按自定义序列或格式进行排序。

1. 按笔画排序

Excel中，汉字默认的排序规则是按拼音的英文顺序来比较的。现欲按笔画顺序排列"客户资料表"中的记录，可选中"客户资料表"中A2:E18区域，单击"数据"选项卡"排序和筛选"组中的"排序"按钮，在打开的对话框中设置"主要关键字"为"姓名"，"排序依据"为"数值"，"次序"为"升序"。单击对话框中的"选项"按钮，在打开的"排序选项"对话框的"方法"中选择"笔画排序"（见图5-56），单击"确定"按钮即可。

图 5-56　"排序选项"对话框

2. 按自定义序列排序

如果排序时不想使用Excel默认的比较规则，而是要按照用户指定的某种标准来进行，可以采用自定义序列排序。例如，要将"房屋基本信息表"中的内容按户型中"室""厅""卫"的多少来排列，即按"四室两厅三卫"、"四室三厅四卫"、"五室三厅四卫"、"五室三厅五卫"、"七室三厅五卫"的顺序来排序。

可选中"房屋基本信息表"中A2:F26区域，单击"数据"选项卡"排序和筛选"组中的"排序"按钮，在打开的对话框中设置"主要关键字"为"户型"，"排序依据"为"数值"。将"次序"设为"自定义序列"，这时会打开"自定义序列"对话框，在"输入序列"中按顺序输入前面的5种户型，如图5-57所示。

图5-57　"自定义序列"对话框

单击"确定"按钮即可，结果如图5-58所示。

楼号	别墅类型	户型	房屋面积（平方米）	花园面积（平方米）	价格
A101	联排	四室两厅三卫	168.55	50.00	￥2,124,640.00
A102	联排	四室两厅三卫	168.55	50.00	￥2,124,640.00
A103	联排	四室两厅三卫	168.55	50.00	￥2,124,640.00
A104	联排	四室两厅三卫	168.55	50.00	￥2,124,640.00
A105	联排	四室两厅三卫	168.55	50.00	￥2,124,640.00
A106	联排	四室两厅三卫	168.55	50.00	￥2,124,640.00
B101	双拼	四室三厅四卫	228.00	100.00	￥3,300,640.00
B102	双拼	四室三厅四卫	228.00	100.00	￥3,300,640.00
B201	双拼	四室三厅四卫	228.00	100.00	￥3,300,640.00
B202	双拼	四室三厅四卫	228.00	100.00	￥3,300,640.00
A201	联排	五室三厅四卫	205.68	65.00	￥2,438,240.00
A202	联排	五室三厅四卫	205.68	65.00	￥2,438,240.00
A203	联排	五室三厅四卫	205.68	65.00	￥2,438,240.00
A204	联排	五室三厅四卫	205.68	65.00	￥2,438,240.00
A205	联排	五室三厅四卫	205.68	65.00	￥2,438,240.00
A206	联排	五室三厅四卫	205.68	65.00	￥2,438,240.00
B301	双拼	五室三厅五卫	353.00	200.00	￥5,476,240.00
B302	双拼	五室三厅五卫	353.00	200.00	￥5,476,240.00
B401	双拼	五室三厅五卫	353.00	200.00	￥5,476,240.00
B402	双拼	五室三厅五卫	353.00	200.00	￥5,476,240.00
C001	独栋	七室三厅五卫	450.00	400.00	￥10,662,400.00
C002	独栋	七室三厅五卫	450.00	400.00	￥10,662,400.00
C003	独栋	七室三厅五卫	450.00	400.00	￥10,662,400.00
C004	独栋	七室三厅五卫	450.00	400.00	￥10,662,400.00

图5-58　排序结果

3. 按格式进行排序

如果数据曾被设置不同格式以进行区分，在排序时也可作为排序依据。例如，"销售员工业绩表"中"个人总销售额"的数据，通过条件格式被设置了不同的单元格颜色。

现在可以利用单元格颜色来进行排序。

选中"销售员工业绩表"的A2:C13区域，单击"数据"选项卡"排序和筛选"组中的"排序"按钮，在打开的对话框中设置"主要关键字"为"个人总销售额"。在"排序依据"中设置为"单元格颜色"，将"次序"设为"白色""在顶端"，单击"确定"按钮完成，如图5-59所示。

图 5-59 "排序"对话框

三、数据筛选

数据筛选是指按一定的条件从数据清单中提取满足条件的数据，暂时隐藏不满足条件的数据。筛选过的数据仅显示那些满足指定条件的行，并隐藏那些不希望显示的行。筛选数据之后，对于筛选过的数据的子集，不需要重新排列或移动就可以复制、查找、编辑、设置格式、制作图表和打印。

在Excel中，筛选数据有自动筛选和高级筛选两种方式。

1. 自动筛选

使用自动筛选可以创建 3 种筛选类型：按值列表、按格式或按条件。对于每个单元格区域或列表来说，这 3 种筛选类型是互斥的。例如，不能既按单元格颜色又按数字列表进行筛选，只能在两者中任选其一；不能既按图标又按自定义筛选进行筛选，只能在两者中任选其一。

下面以"房屋基本信息表"为例进行说明。

① 选中A2单元格，单击"数据"选项卡"排序和筛选"组中的筛选工具，这时所有数据列的列标题旁边都会出现下拉按钮，如图5-60所示。

图 5-60 自动筛选

② 单击"户型"旁边的下拉按钮，将下拉列表中除了"七室三厅五卫"以外，其他数值全部取消勾选，单击"确定"按钮。此时，表格中户型不是七室三厅五卫的记录全

部被隐藏起来，只保留了户型为指定值（七室三厅五卫）的记录，如图5-61所示。

楼号	别墅类型	户型	房屋面积（平方米）	花园面积（平方米）	价格
C001	独栋	七室三厅五卫	450.00	400.00	￥10,662,400.00
C002	独栋	七室三厅五卫	450.00	400.00	￥10,662,400.00
C003	独栋	七室三厅五卫	450.00	400.00	￥10,662,400.00
C004	独栋	七室三厅五卫	450.00	400.00	￥10,662,400.00

图5-61 筛选结果

③ 再次单击"户型"下拉按钮，在下拉列表中选择"文本筛选"下的"开头是"，在弹出的"自定义自动筛选方式"对话框中指定条件为"开头是""四室"，单击"确定"按钮，如图5-62所示。

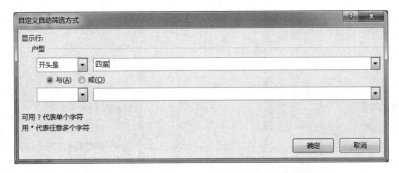

图5-62 "自定义自动筛选方式"对话框

此时显示的数据是所有户型为四室（包括四室两厅三卫和四室三厅四卫）的记录，如图5-63所示。可以看到，原来按指定值的筛选被自定义条件的筛选取代。

楼号	别墅类型	户型	房屋面积（平方米）	花园面积（平方米）	价格
A101	联排	四室两厅三卫	168.55	50.00	￥2,124,640.00
A102	联排	四室两厅三卫	168.55	50.00	￥2,124,640.00
A103	联排	四室两厅三卫	168.55	50.00	￥2,124,640.00
A104	联排	四室两厅三卫	168.55	50.00	￥2,124,640.00
A105	联排	四室两厅三卫	168.55	50.00	￥2,124,640.00
A106	联排	四室两厅三卫	168.55	50.00	￥2,124,640.00
B101	双拼	四室三厅四卫	228.00	100.00	￥3,300,640.00
B102	双拼	四室三厅四卫	228.00	100.00	￥3,300,640.00
B201	双拼	四室三厅四卫	228.00	100.00	￥3,300,640.00
B202	双拼	四室三厅四卫	228.00	100.00	￥3,300,640.00

图5-63 筛选结果

自动筛选只能指定相对简单的筛选条件，而且条件只能针对一个数据列。如果筛选条件比较复杂或者涉及多个数据列，可以使用高级筛选。

2. 高级筛选

高级筛选需要在表格中定义一个条件区域，并且要在条件区域中按一定的格式预先输入筛选条件。

下面以找出"房屋基本信息表"中户型为五室三厅四卫的联排别墅或者四室三厅四卫的双拼别墅为例，介绍高级筛选的应用。

在"房屋基本信息表"中任选一块空白区域作为条件区域（这里假定选择H3:I5区域），在条件区域输入如图5-64所示内容。

别墅类型	户型
联排	五室三厅四卫
双拼	四室三厅四卫

图 5-64　条件区域

单击"数据"选项卡"排序和筛选"组中的"高级"按钮，弹出"高级筛选"对话框，如图5-65所示。

先将光标定位在"列表区域"后面的文本框内，拖动鼠标选中A2:F26区域。再将光标定位在"条件区域"后面的文本框内，拖动鼠标选中条件区域H3:I5（见图5-66），单击"确定"按钮得到如图5-67所示的筛选结果。

图 5-65　"高级筛选"对话框

图 5-66　设置高级筛选条件

楼号	别墅类型	户型	房屋面积（平方米）	花园面积（平方米）	价格
B101	双拼	四室三厅四卫	228.00	100.00	￥3,300,640.00
B102	双拼	四室三厅四卫	228.00	100.00	￥3,300,640.00
B201	双拼	四室三厅四卫	228.00	100.00	￥3,300,640.00
B202	双拼	四室三厅四卫	228.00	100.00	￥3,300,640.00
A201	联排	五室三厅四卫	205.68	65.00	￥2,438,240.00
A202	联排	五室三厅四卫	205.68	65.00	￥2,438,240.00
A203	联排	五室三厅四卫	205.68	65.00	￥2,438,240.00
A204	联排	五室三厅四卫	205.68	65.00	￥2,438,240.00
A205	联排	五室三厅四卫	205.68	65.00	￥2,438,240.00
A206	联排	五室三厅四卫	205.68	65.00	￥2,438,240.00

图 5-67　高级筛选结果

如果要将筛选结果保存在其他位置，可在"高级筛选"对话框选择"将筛选结果复制到其他位置"，然后在"复制到"后面的文本框中指定位置，如图5-68所示。

如果要取消高级筛选应用，单击"数据"选项卡"排序和筛选"组中的"清除"按钮即可。

在高级筛选中，筛选条件的位置具有特殊含义。处于同一行的多个条件之间是与运算关系，要求同时成立。处于不同行的条件之间是或运算关系，满足其中之一就行。

例如，图5-69所示的条件区域中，条件区域A的含义是单价大于100并且数量大于10；

条件区域B的含义是单价大于100或者数量大于10；条件区域C的含义是单价介于10和50之间或者单价大于100；条件区域D的含义是单价介于10和50之间并且数量小于10，或者单价大于100并且数量大于10。

图5-68 指定筛选位置

单价	数量			单价	数量
>100	>10			>100	
					>10
A				B	

单价	单价			单价	单价	数量
>=10	<=50			>=10	<=50	<10
>100					>100	>10
C				D		

图5-69 条件区域设置

四、分类汇总

Excel中分类汇总指的是在工作表中的数据进行了基本的数据管理之后，再使数据达到条理化和明确化的基础上，利用Excel本身所提供的函数，对数据进行汇总统计。数据的分类汇总是分为两个步骤进行的，第一个步骤是利用排序功能进行数据分类；第二个步骤是利用函数进行计算，进行一个汇总统计的操作。

Excel可自动计算表格中的分类汇总和总计值。当插入自动分类汇总时，Excel将分级显示数据，以便为每个分类汇总显示或隐藏明细数据行。分类汇总为分析汇总数据提供了非常灵活有用的方式，它可以完成以下工作：

① 显示一组数据的分类汇总及总和。

② 显示多组数据的分类汇总及总和。

③ 在分组数据上完成不同的计算，如求和、统计个数、求平均值、求最大值、最小值、总体方差等。

第三项中已经详细介绍了创建分类汇总的具体操作，这里再强调以下几方面：

① 要进行分类汇总的数据区域必须是一个连续的数据区域，而且每个数据列都必须有列标题。

② 数据区域的数据在进行分类汇总之前，必须要按照需要分类的数据列进行排序。

③ 多级分类汇总时，除了第一个分类汇总之外，其他分类汇总必须要取消选中"替换当前分类汇总"复选框。

④ 对于同一种汇总方式，可以一次同时有多个汇总项。但对于同一汇总项，多个汇总方式必须要进行多次分类汇总。例如，要统计"新销售信息表"中每个月的销售总额和平均销售额，必须要针对"售出月份"做两次分类汇总，一次对"实际价格"求和，一次对"实际价格"求平均值。

执行分类汇总后，会在表格左侧的编号旁边出现行分组按钮 1 2 3 和显示/隐藏明细按钮➕➖。若要只显示分类汇总和总计的汇总，可以单击行分组按钮 1 2 3，指定显示明细数据的级别。要展开或收起各个分类汇总的明细数据行，可以单击显示/隐藏明细按钮➕➖。

如果由于某种原因，需要取消分类汇总的显示结果，恢复到数据的初始状态，可按如下步骤删除分类汇总：

① 选择包含分类汇总的区域中的某个单元格。

② 在"数据"选项卡的"分级显示"组中，单击"分类汇总"按钮。

③ 在"分类汇总"对话框中，单击"全部删除"按钮。

五、图表

图表用于以图形形式显示数值数据系列，使用户更容易理解大量数据以及不同数据系列之间的关系。

1. 创建图表

若要在Excel中创建图表，首先要在工作表中输入图表的数值数据。然后，可以通过在"插入"选项卡上的"图表"组中选择要使用的图表类型来将这些数据绘制到图表中。基本步骤如下：

① 在工作表上，输入要绘制在图表中的数据。

② 选择包含要用于图表的数据的单元格。

③ 在"插入"选项卡的"图表"组中，单击图表类型，然后单击要使用的图表子类型。

2. 移动图表

默认情况下，图表作为嵌入图表放在工作表上。如果要将图表放在单独的图表工作表中，则可以通过执行下列操作来更改其位置：

① 单击嵌入图表中的任意位置以将其激活。

② 在"图表工具-设计"选项卡的"位置"组中，单击"移动图表"按钮。

3. 更改图表的布局或样式

① 创建图表后，可以向图表应用预定义布局和样式立即更改它的外观。

② 在"设计"选项卡的"图表布局"组中，单击要使用的图表布局。

③ 在"设计"选项卡的"图表样式"组中，单击要使用的图表样式。

4. 添加标题和数据标签

① 在"设计"选项卡的"图表布局"组中，单击"添加图表元素"，选择"图表标题"，可添加图表标题。

② 在"设计"选项卡的"图表布局"组中，单击"添加图表元素"，选择"数据标签"，可添加数据标签。

③ 在"设计"选项卡的"图表布局"组中，单击"添加图表元素"，选择"坐标轴标题"，可添加坐标轴标题。

5. 显示或隐藏图例

创建图表时，会显示图例，但可以在图表创建完毕后隐藏图例或更改图例的位置：

① 在"设计"选项卡的"图表布局"组中，单击"添加图表元素"，单击"图例"，选择"无"，可隐藏图例。

② 选中图例，右击，在弹出的快捷菜单中选择"图例项格式"命令，可设置图例的位置。

6. 坐标轴格式设置

① 选中数值轴，右击，在弹出的快捷菜单中选择"设置坐标轴格式"，可完成坐标轴边界、单位等的设置。

② 选中分类轴，右击，在弹出的快捷菜单中选择"设置坐标轴格式"命令，可完成坐标轴类型、纵坐标轴交叉、坐标轴位置等的设置。

六、数据透视表和数据透视图

数据透视表是一种可以快速汇总大量数据的交互式方法。使用数据透视表可以深入分析数值数据，并且可以表示一些复杂的数据问题。数据透视表是专门针对以下用途设计的：

① 以多种用户友好方式查询大量数据。

② 对数值数据进行分类汇总和聚合，按分类和子分类对数据进行汇总，创建自定义计算和公式。

③ 展开和折叠要关注结果的数据级别，查看感兴趣区域汇总数据的明细。

④ 将行移动到列或将列移动到行（或"透视"），以查看源数据的不同汇总。

⑤ 对最有用和最关注的数据子集进行筛选、排序、分组和有条件地设置格式，使用户能够关注所需的信息。

⑥ 提供简明、有吸引力并且带有批注的联机报表或打印报表。

数据透视图提供数据透视表中的数据的图形表示形式。与数据透视表一样，数据透视图也是交互式的。创建数据透视图时，数据透视图筛选将显示在图表区中，以便排序和筛选数据透视图的基本数据。相关联的数据透视表中的任何字段布局更改和数据更改将立即在数据透视图中反映出来。

与标准图表一样，数据透视图显示数据系列、类别、数据标记和坐标轴，但二者之间也存在以下差别：

① 行/列方向：与标准图表不同的是，数据透视图不可使用"选择数据源"对话框来交换数据透视图的行/列方向。但是，可以拖动相关联的数据透视表的行标签和列标签来实现相同效果。

② 图表类型：可以将数据透视图更改为除XY散点图、股价图或气泡图之外的任何其他图表类型。

③ 源数据：标准图表直接链接到工作表单元格。数据透视图基于相关联的数据透视表的数据源。与标准图表不同的是，不可在数据透视图的"选择数据源"对话框中更改

图表数据范围。

④ 格式：刷新数据透视图时，大部分格式将得到保留。但是，不会保留趋势线、数据标签、误差线和对数据集所做的其他更改。标准图表在应用此格式后，不会失去该格式。

创建数据透视表和创建数据透视图的具体步骤在前面已经介绍。如果要删除数据透视表和数据透视图，只需选中数据透视表和数据透视图，按删除键即可。当与数据透视图相关联的数据透视表被删除时，数据透视图会转化为标准图表。

技巧与提高

一、使用公式设置条件格式的条件

条件格式中虽然提供了很多效果供用户选择，但往往只能针对相对简单的条件应用。如果需要更复杂的条件格式或者一些特殊的效果，可以使用逻辑公式设置条件格式的条件。

例如，为了看起来更容易区分，需要将"销售员工信息表"中的员工信息每隔一行用蓝色底纹填充。可按下面步骤操作：

① 选中"销售员工信息表"中的A3:E14区域。

② 在"开始"选项卡的"样式"组中，单击"条件格式"旁边的下拉按钮，选择"新建规则"命令。

③ 在"编辑格式规则"对话框的"选择规则类型"下，单击"使用公式确定要设置格式的单元格"。

④ 在"编辑格式规则"对话框的"编辑规则说明"下的"为符合此公式的值设置格式"文本框中，输入公式"=MOD(ROW()，2)=1"。

⑤ 单击"格式"按钮，在弹出的"设置单元格格式"对话框中设置填充颜色为蓝色，单击"确定"按钮。返回"编辑格式规则"对话框后再次单击"确定"按钮，如图5-70所示。

结果如图5-71所示。

图 5-70　格式规则设置

编号	姓名	性别	出生日期	销售级别
1001	于丽丽	女	1985-10-19	五级
1002	陈可	女	1987-4-21	四级
1003	黄大伟	男	1986-10-7	四级
1004	齐明明	女	1988-1-23	三级
1005	李思	女	1988-6-6	三级
1006	王晋	男	1988-3-30	三级
1007	毛华新	男	1989-9-10	二级
1008	金的的	女	1989-5-22	二级
1009	姜新月	女	1988-12-7	二级
1010	张楚玉	男	1989-11-8	二级
1011	吴姗姗	女	1991-1-15	一级
1012	张国丰	男	1990-2-10	一级

图 5-71　条件格式设置结果

在上面的公式中，ROW函数返回当前行编号，MOD函数返回第一个参数除以第二个参数之后的余数。如果将当前行编号除以2，那么对于偶数编号余数始终为0，对于奇数编号余数始终为1。因此，每个奇数行的单元格均满足"MOD(ROW()，2)=1"的条件，所以会被添加蓝色底纹。

二、在高级筛选中使用通配符

在Excel的自动筛选中，对于文本内容，如果筛选条件只需要和单元格内容部分相同，例如"姓张的员工""名字中含'新'字的员工"等，可通过"文本筛选"下的选项"开头是""结尾是""包含""不包含"这些选项来实现。但在高级筛选中，所有的条件需要由用户在条件区域自己输入。如果这时也出现了上面的条件，应该怎么表示呢？

在Excel中，可以使用通配符来解决这个问题。例如，在"销售员工信息表"中筛选出姓张或名字中含"新"字的员工，操作步骤如下：

① 在"销售员工信息表"的G2、G3、G4单元格分别输入"姓名""张*""*新*"。

② 单击"数据"选项卡"排序和筛选"组中的"高级"按钮，打开"高级筛选"对话框。

③ 指定在列表区域指定范围A2:E14，条件区域指定范围G2:G4，单击"确定"按钮。

筛选结果如图5-72所示。

编号	姓名	性别	出生日期	销售级别
1007	毛华新	男	1989-9-10	二级
1009	姜新月	女	1988-12-7	二级
1010	张楚玉	男	1989-11-8	二级
1012	张国丰	男	1990-2-10	一级

图5-72　筛选结果

注意： Excel中可使用通配符有"*"和"?"。"*"和"?"的区别在于，"?"仅代表单个任意符号，而"*"可代表任意数量的任意符号。例如"中?"表示的是首字是"中"但第二个字任意的两字文本，而"中*"则表示以"中"开头的任意文本（不管有几个字均可）。

三、在高级筛选中使用公式

高级筛选条件区域的条件，通常都是一些指定值或者关系表达式。有些时候，需要使用一些数据的处理结果来作为条件，此时，可使用公式来构建条件。

例如，要筛选出"房屋基本信息表"中价格高于平均价的双拼别墅，操作步骤如下：

① 在"房屋基本信息表"的H2、H3单元格分别输入"别墅类型""双拼"，I2单元格输入"平均价格"，I3单元格输入公式"=F3>AVERAGE($F$3:$F$26)"。

② 单击"数据"选项卡"排序和筛选"组中的"高级"按钮，弹出"高级筛选"对话框。

③ 指定在列表区域指定范围A2:F26，条件区域指定范围H2:I3，单击"确定"按钮。

筛选结果如图5-73所示。

注意： 上面公式中的F3是"价格"列的第一个数值所在单元格，F3:F26区域是"价格"列的所有数值区域。F3单元格要使用相对引用，F3：F26要使用绝对引用。

楼号	别墅类型	户型	房屋面积 （平方米）	花园面积 （平方米）	价格
B301	双拼	五室三厅五卫	353.00	200.00	￥5,476,240.00
B302	双拼	五室三厅五卫	353.00	200.00	￥5,476,240.00
B401	双拼	五室三厅五卫	353.00	200.00	￥5,476,240.00
B402	双拼	五室三厅五卫	353.00	200.00	￥5,476,240.00

图 5-73　筛选结果

创新作业

① 在"新销售信息表"中，筛选出由李思销售的实际价格在300万以上的记录或者其他人销售的实际价格500万元以上的记录。

② 在"新销售信息表"中，统计不同类型别墅各种户型的月销售额。

项目四　销售数据共享与安全——数据导入与保护

项目描述

杜甫家园房产有限公司在多个地区设有分支机构，经常需要在不同分支机构间交流一些数据。但有些时候，各分支机构交流过来的数据并未使用Excel文件。也有些时候，公司需要统一标准采集各个分支机构的成员信息，需要大家共同填写一张表格。另外，有一些办公计算机是公用的，可以操作的人不止一个，有些敏感数据可能会被窃取或遭恶意篡改，存在安全隐患。

项目分析

上述问题在Excel中均能较好地解决。利用Excel的数据导入、导出，可以将不同类型数据文件的数据互相转换，实现数据共享。Excel的共享工作簿可以借助网络平台，让分散在不同地方的人能操作同一个工作簿。而要加强数据的安全性，则可以通过给文件加密码和保护工作表、工作簿来实现。

项目实现

一、将客户信息保存到 Excel 表格

程程收到销售部发过来的一份客户名单，但是是文本文档格式。现在要将其中的客户信息保存到Excel表格中。

操作步骤如下：

① 新建一张工作表，单击"数据"选项卡"获取外部数据"组中的"自文本"按钮。

② 在打开的"导入文本文件"对话框中找到客户名单文本文档，单击"导入"按钮。

③ 按打开的"文本导入向导"对话框的提示逐步向下操作，如图5-74～图5-76所示。

④ 单击"完成"按钮，在打开的"导入数据"对话框中指定数据的放置位置，如

图5-77所示。

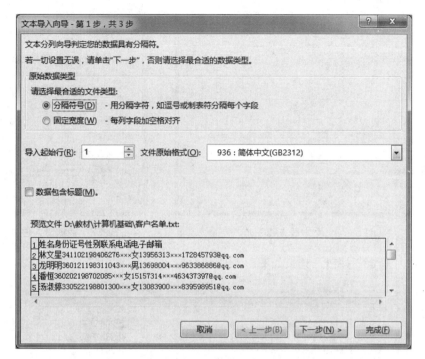

图 5-74　文本导入第一步

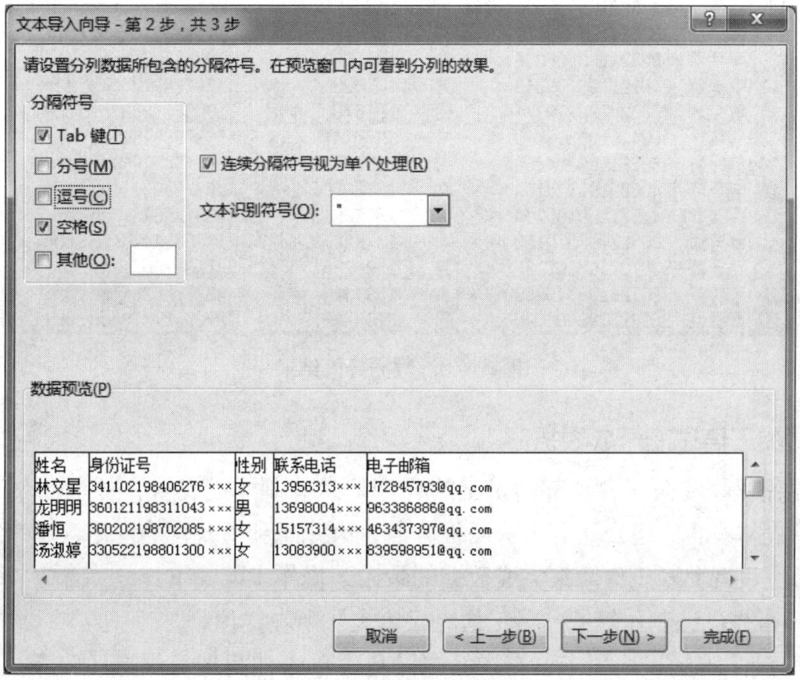

图 5-75　文本导入第二步

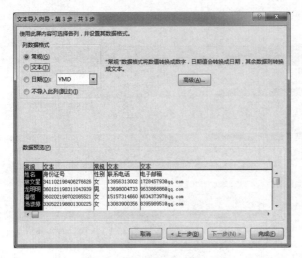

图 5-76　文本导入第三步

图 5-77　数据导入位置选择

⑤ 单击"确定"按钮，结果如图5-78所示。

	A	B	C	D	E
1	姓名	身份证号	性别	联系电话	电子邮箱
2	林文星	341102198406276×××	女	13956313×××	172845793@qq.com
3	龙明明	360121198311043×××	男	13698004×××	963386886@qq.com
4	潘恒	360202198702085×××	女	15157314×××	463437397@qq.com
5	汤淑婷	330522198801300×××	女	13083900×××	839598951@qq.com
6	徐艳	360681198205054×××	男	18767315×××	798266360@qq.com
7	张晓蓉	330182198101223×××	女	0571－64566×××	494139411@qq.com
8	赵丹	342622198905205×××	男	13641355×××	xzw12@126.com
9	邹边红	362524198609022×××	男	13320197×××	171650914@qq.com
10	蔡平平	330481198505025×××	男	13456259×××	50374586@qq.com
11	李琼琼	340121198103246×××	男	18256094×××	1187200726@qq.com
12	钱佳乐	330824198210276×××	男	18767067×××	1005671258@qq.com
13	刘铭	360429198309110×××	男	13777418×××	523783699@qq.com
14	黄姗姗	360281198204168×××	男	18079808×××	184654529@qq.com
15	李圣洁	340822198108103×××	女	13738290×××	1532699621@qq.com
16	袁佳君	341621198105204×××	男	15988313×××	898120627@qq.com
17	邹鸿露	330522198010152×××	女	13185249×××	1378337410@qq.com
18	邓云霄	330702198103136×××	男	15968381×××	416327057@qq.com
19	丁晓芳	330726198310302×××	男	159242×××	437772635@qq.com
20	费春红	362322198205090×××	男	0793-2619×××	872906277@qq.com

图 5-78　数据导入结果

二、将员工信息制作成表格

经理要程程收集公司各个部门员工的详细信息并制作成表格，要求在今天完成。程程设计好了表格样式，但公司各个部门很分散，因此想利用公司的网络共享来完成工作。

可以通过设置共享工作簿来完成数据的录入。操作步骤如下：

① 打开事先已经制作好的"员工信息采集表"所在文件。

② 切换到"审阅"选项卡，在"共享"栏中单击"共享工作簿（旧版）"按钮，如图5-79所示。

③ 进入"共享工作簿"对话框，选中"使用旧的共享工作簿功能，而不是新的共同创作"复选框。

④ 切换到"高级"选项卡中，根据需要进行设置，如图5-80所示。

⑤ 保存并关闭文件，将文件放到一个新建文件夹内。设置这个文件夹在公司网络内可共享。

图5-79　共享工作簿

三、设置文件查看权限

与程程同办公室的小陈计算机坏了，正好程程这几天休假，经理让程程暂时把计算机借给小陈使用。可是程程的计算机中有几个工作簿的内容不希望让小陈看到。

对于不想让别人查看的Excel文件，可以通过给文件添加密码来实现：

① 打开要添加密码的文件，选择"文件"→"另存为"命令，单击"浏览"按钮，在打开的"另存为"对话框中单击"工具"按钮，选择"常规选项"命令，打开"常规选项"对话框，如图5-81所示。

图5-80　"共享工作簿"对话框

图5-81　"常规选项"对话框

② 在"打开权限密码"后的文本框中输入密码，在打开的"确认密码"对话框中再次输入密码，单击"确定"按钮后，再单击"另存为"对话框中"保存"按钮即可。

相关知识与技能

一、数据的导入

使用Excel工作表，不仅可以存储处理本地的数据，还可以导入外部数据。这些外部数据可以来自其他的文件，例如文本文件、数据库文件，也可以来自网络。在"数据"

选项卡的"获取外部数据"组中，集中了Excel获取外部数据的几种途径，如图5-82所示。

每种途径获取外部数据的操作方法虽然不完全一样，但大致步骤相同。下面以导入Access数据库文件和导入网页数据为例介绍导入外部数据的操作步骤。

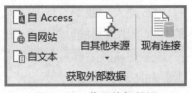

图 5-82　获取外部数据

1. 导入 Access 数据库文件

鼠标单击"获取外部数据"组中的"自Access"按钮，打开"选取数据源"对话框，如图5-83所示。

图 5-83　"选取数据源"对话框

② 在对话框中找到要导入的Access数据库文件，单击"打开"按钮，打开"选择表格"对话框，如图5-84所示。

③ 单击"确定"按钮后打开"导入数据"对话框，如图5-85所示。

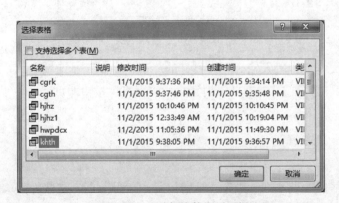

图 5-84　"选择表格"对话框

图 5-85　"导入数据"对话框

④ 单击"确定"按钮即可完成Access数据库文件的导入。

2. 导入网页数据

① 单击"获取外部数据"组中的"自网站"按钮，打开"新建Web查询"对话框。在其中的地址栏中输入要访问的网址，单击"转到"按钮，打开网页，如图5-86所示。

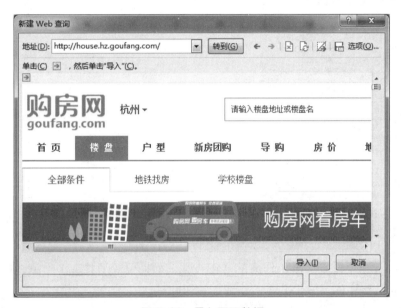

图 5-86 导入网页数据

② 单击网页中要导入数据前的按钮 ☑ 使其变为☑。单击"导入"按钮后，打开"导入数据"对话框，如图5-87所示。

③ 单击"确定"按钮即可完成网页数据的导入。

二、数据导出

如果要将Excel转换为其他形式的数据，可通过"另存为"命令将数据导出。

选择"文件"→"另存为"命令，在弹出的"另存为"对话框中单击"保存类型"后的下拉按钮，在下列表中选择需要的类型后（见图5-88），单击"保存"按钮即可。

图 5-87 "导入数据"对话框

三、共享工作簿

共享工作簿是使用Excel进行协作的一项功能，当一个工作簿设置为共享工作簿后，可以放在网络上供多位用户同时查看和修订。被允许的参与者可以在同一个工作簿中输入、修改数据，也可以看到其他用户的操作结果。共享工作簿的所有者可以增加用户、设置允许编辑区域和权限、删除某些用户并解决修订冲突等。完成各项修订后，可以停止共享工作簿。

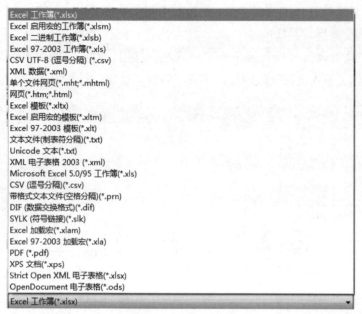

图 5-88　数据导出

前面已经介绍了设置共享工作簿的详细步骤。如果要取消共享工作簿，单击"审阅"选项卡"保护"组中的"取消共享工作簿"按钮即可。

四、保护

Excel中对数据的保护首先可以通过给文件添加密码来实现。另外，若要防止用户从工作表或工作簿中意外或故意更改、移动或删除重要数据，可以通过"保护工作表""保护工作簿"来保护某些工作表或工作簿元素。

1. 保护工作表

默认情况下，保护工作表时，该工作表中的所有单元格都会被锁定，用户不能对锁定的单元格进行任何更改。例如，用户不能在锁定的单元格中插入、修改、删除数据或者设置数据格式。

如果要保护的工作表中只是部分区域需要限制操作，那么在保护工作表之前，要对允许操作的单元格进行设置。具体操作步骤如下：

① 选择要解除锁定的单元格或区域。

② 在"开始"选项卡的"单元格"组中，单击"格式"按钮，然后选择"设置单元格格式"命令。

③ 在"保护"选项卡，取消选中"锁定"复选框，然后单击"确定"按钮。

如果某些单元格的公式不希望显示出来，可以执行如下操作：

① 选择要隐藏的公式的单元格。

② 在"开始"选项卡的"单元格"组中单击"格式"按钮，然后单击"设置单元格格式"。

③ 在"保护"选项卡，选中"隐藏"复选框，单击"确定"按钮。

当所有单元格都按要求设置好之后，就可以对工作表进行保护。操作方法如下：

在"审阅"选项卡的"保护"组中，单击"保护工作表"按钮。此时会打开如图5-89所示的"保护工作表"对话框，根据需要选中相应操作项。如果需要防止被别人取消保护，可以指定取消保护密码。单击"确定"按钮即可完成对工作表的保护。

2. 保护工作簿

保护工作簿包括保护工作簿结构和工作簿窗口。保护工作簿窗口就是使工作簿窗口在每次打开工作簿时大小和位置都相同。

保护工作簿的操作步骤如下：

① 在"审阅"选项卡的"保护"组中，单击"保护工作簿"按钮。此时打开如图5-90所示的"保护结构和窗口"对话框，可根据需要选中相应选项。

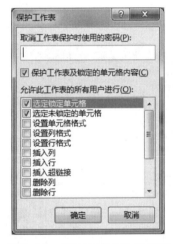

图 5-89 "保护工作表"对话框

图 5-90 "保护结构和窗口"对话框

② 若要防止其他用户删除工作簿保护，可在"密码（可选）"框中输入密码，单击"确定"按钮，然后重新输入密码以进行确认。

技巧与提高

公司现欲统计各工程项目的相关信息，所需内容如图5-91所示。

	A	B	C	D	E	F	G
1	项目名称	施工负责人	开工日期	交付日期	营销负责人	推出日期	已售出数量
2	紫陌庄园A区						
3	紫陌庄园B区						
4	紫陌庄园C区						
5	南溪花苑A区						
6	南溪花苑B区						
7	南溪花苑C区						
8	南溪花苑D区						
9	玉竹山庄A区						
10	玉竹山庄B区						

图 5-91 工程项目相关信息

其中"施工负责人""开工日期""交付日期"需要由工程部负责填写，"营销负责人""推出日期""已售出数量"需要由销售部填写。在通过共享工作簿放在网络上让两个部门直接填写时，为了避免两个部门填错位置或者不小心把另一部门的数据修改了，希望能限制两个部门只能在与自己相关的区域中填写。

要实现这个目的，可以在共享工作簿之前，先给工作表添加区域保护。具体操作步骤如下：

① 新建一个工作簿，在其工作表Sheet1中输入如图5-91所示的数据。

② 单击"审阅"选项卡"保护"组中的"允许编辑区域"，打开"允许用户编辑区域"对话框，如图5-92所示。

③ 单击"新建"按钮，打开"新区域"对话框，如图5-93所示。

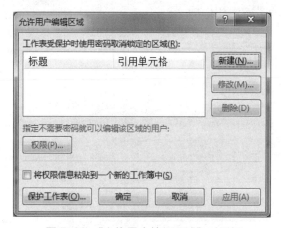

图 5-92 "允许用户编辑区域"对话框

图 5-93 "新区域"对话框

④ 在"标题"文本框输入区域名称"工程部"。

⑤ 单击"引用单元格"右侧的按钮，此时该对话框变成一个浮动条。然后，用鼠标在列标上拖动，选中B、C、D列，再按浮动条右侧的按钮返回对话框。

⑥ 在"区域密码"文本框输入密码；单击"确定"按钮重新输入刚才设置的密码，返回到"允许用户编辑区域"对话框。

⑦ 重复步骤③～⑥，创建一个标题为"销售部"，引用单元格为E:G列的新区域，如图5-94所示。

⑧ 单击"保护工作表"按钮，弹出"保护工作表"对话框，单击"确定"按钮退出。

⑨ 关闭保存工作簿，命名为"工程

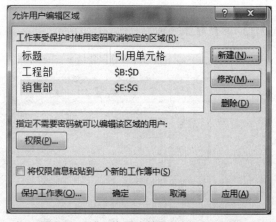

图 5-94 "允许用户编辑区域"对话框

项目信息"。

⑩ 将工作簿"工程项目信息"设为共享工作簿，并放入共享文件夹。

完成上述操作后，把两个区域的密码分别告诉工程部和销售部。当工程部想在B、C、D列输入数据时，会弹出如图5-95所示的对话框，只有输入正确密码，才能继续输入数据。销售部亦然。

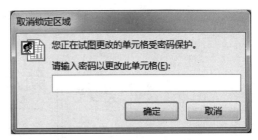

图5-95　锁定区域设置效果

创新作业

① 利用共享工作簿完成一张"班级同学信息登记表"。

② 将"班级同学信息登记表"中的内容转换为文本文件。

模块六 新产品销售总结 ——Word 长文档排版

通过一段时间的接触，程程基本掌握了Word、Excel、PowerPoint等办公软件的应用，已经通过短文档的制作认识了Word 2016的基本功能，也已经熟悉了Word 2016的窗口界面。对于程程来说，完成一篇短篇幅的文档已不是问题，但接下来，紫陌庄园项目组需要制作一篇销售总结文档。在碰到篇幅比较长的文档时，如果采用传统的方法处理长文档，在编辑和排版过程中会非常麻烦，将极大地影响文档的格式规范和美观，也直接影响到编排效率。在长文档中，有时包含的内容表现形式丰富，除文字外通常还有图片、表格、目录等，还需要考虑封面、页眉、页脚等。

能力目标

- 学会长文档的整体版面设计，正确设置纸张、版心、视图、页眉页脚等，能对文档进行分节。
- 能够熟练地创建样式、修改样式的格式和使用样式，通过样式规范全文格式。
- 能够正确使用脚注、尾注、题注来注释文档，并为其创建交叉引用。
- 能够实现基于样式的目录创建和基于题注的图表目录创建。
- 学会创建域、插入域、更新域，具备对文档进行审阅和修订的能力。

项目一 销售总结排版——Word 2016 样式应用

项目描述

销售已进入尾声，根据前期的销售业绩，紫陌庄园项目组需要制作一份销售年度总结，呈送给公司领导。销售总结涉及的篇幅比较长，程程虽然熟悉Word的基本操作，但仍需要挖掘Word中的一些高级应用，从而使文档的编排规范、统一、事半功倍。

项目分析

学术论文、标书、公司规章制度等篇幅比较长的文档在制作前要充分做好前期准备工作。如果能掌握好长文档编排的方法和技巧，不仅能提高编排效率，确保整篇文档格式规范，而且在二次修订和编辑时可以减少很多不必要的麻烦。

在进行长文档编排时，应当放弃原有的先输入文字再调整格式的习惯，尝试对版面先做规划设计，根据文档内容的框架对整篇文档进行分节。通过创建、修改和应用样式，规范全文档的格式，便于文档内容的修改和更新。

项目实现

本项目的相关知识点及实现方法请扫描二维码，打开相关视频进行学习。

微课●⋯⋯⋯⋯

项目一样式
●⋯⋯⋯⋯

一、页面布局

页面布局是进行版面设计的第一个步骤。在Word 2016中，"布局"选项卡主要包括"页面设置""稿纸""段落""排列"等功能组，页边距、纸张大小、纸张方向、页面颜色、页面边框等常用设置都在这里。

本例中，项目组要求文档统一采用A4纸打印，上、下边距为2厘米，左、右边距为3厘米，且预留装订线（左边）1厘米，页脚距边界1.5厘米，页眉距边界1.5厘米。

新建Word空白文档，保存为"销售工作总结.docx"。选择"布局"选项卡，单击"页面设置"组右下角的对话框启动器按钮 ，如图6-1所示。也可选择"页边距"下拉列表的"自定义边距"命令，打开"页面设置"对话框（见图6-2），通过"页边距"选项卡设置上、下、左、右边距，装订线位置。选择"纸张"选项卡设置纸张大小，选择"版式"选项卡设置页眉、页脚边距，如图6-3所示。

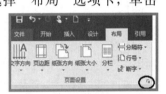

图 6-1　"页面设置"对话框启动器

图 6-2　"页面设置"对话框

图 6-3　设置页眉、页脚边距

页边距大小还可以使用标尺进行设置，在水平标尺或垂直标尺上直接拖动页边距线进行设置。

① 激活标尺。确保当前视图为页面视图，观察窗口中是否显示标尺，如果没有显示，可以在"视图"选项卡的"显示"组中选中"标尺"复选框，如图6-4所示。此时，发现文档中出现了水平标尺和垂直标尺。若只显示水平标尺而没有显示垂直标尺，可选择"文件"→"选项"命令，打开"Word选项"对话框，在左侧窗格中选择"高级"选项，在"显示"栏中，选中"在页面视图中显示垂直标尺"复选框，如图6-5所示。

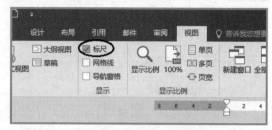

图6-4 "显示"组中

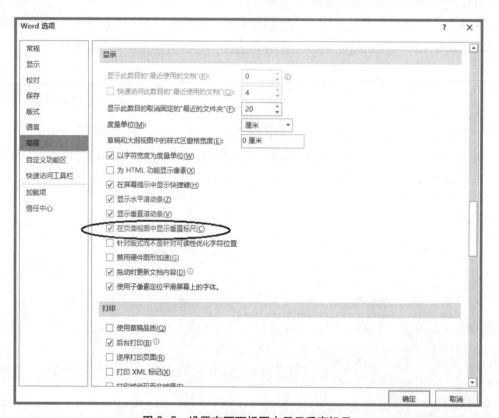

图6-5 设置在页面视图中显示垂直标尺

② 拖动标尺。将鼠标指针移至水平标尺或垂直标尺的页边距线上，当鼠标指针变为双向箭头时，即可按住左键直接拖动水平标尺或垂直标尺上的页边距线。图6-6所示为利用水平标尺调整左边距的效果。拖动过程中，按住【Alt】键可显示尺寸大小值。

利用标尺，不但能实现页边距的调整，而且可以查看和设置制表位、移动表格边框和对齐文档中的对象，

图6-6 利用水平标尺调整左边距

还可以进行测量。

需指出的是，默认方式下页面布局时的对象为整个文档，但可以通过分节，使页面设置仅作用于某一节，实现更多个性化的设置。

二、样式设置

设置完页面参数后，不用急着去编辑正文内容，还需要做一些准备工作，即格式的编辑。格式的编辑包括字符、段落格式的设置，如文字的字体大小、着色的设置、段落的缩进和间距、段落的对齐方式等。熟练应用样式会使编辑工作更加容易。

长文档通常要求具有统一的格式风格，对大量的标题和段落设置相同的格式时，逐一设置或者使用格式刷，都非常吃力，此时可通过样式进行排版，以减少工作量，在后期修改时还能实现智能的自动修改。

样式是指用有意义的名称保存的字符格式和段落格式的集合，也就是将要设置的多个格式命令加以组合、命名，应用一次样式，就相当于设置这些格式。例如，使用"标题1"样式，即可将所选文字同时设置为2号字体、加粗、多倍行距等效果。

使用样式的优势大致可以归纳为以下几点：

① 可以节省设置各种格式的时间。

② 可以确保前后格式的一致性。

③ 改动文本格式更加容易，只需要更改样式的定义，就可以一次性更改所有相同样式的文本。

④ 采用样式有助于文档之间格式的复制，可以将一个文档或模板的样式复制到另一个文档或模板中。

⑤ 样式关系着各类目录的自动生成，关系着多重编号的自动生成。

除了文字和段落，图片、图形、表格都可以使用样式。在Word 2016中，"图片工具"的"格式"和"表格工具"的"设计"选项卡提供了一组预设了边框、底纹、色彩等效果的样式，如图6-7和图6-8所示。用户只需单击所需的样式即可直接套用，还可以在此基础上修改样式，既方便又美观。类似的样式还有形状样式、艺术字样式、SmartArt样式、图表样式等。

在多数文档中，主体还是文字和段落，文字与段落样式主要规范字体、段落格式等。Word 2016提供了许多内置样式，用户可以直接使用，当然，也可以根据文档需要自行设置样式。内置样式可满足大多数类型的文档，而自定义样式能够让文档更具个性化，符合实际需求。

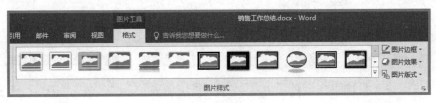

图6-7　图片样式

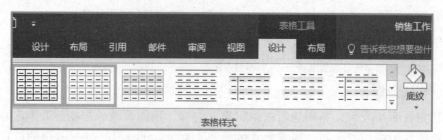

图 6-8　表格样式

1. 创建样式

在编辑前，需先约定好样式，这里需创建一个名为"封面标题"的样式，要求：样式类型为段落样式、宋体、一号、加粗，对齐方式为居中、2倍行距。该样式主要应用于封面上的标题。操作步骤如下：

① 单击"开始"选项卡"样式"组右下角的对话框启动器按钮　，打开"样式"任务窗格，如图6-9所示。

② 单击窗格底部的"新建样式"按钮，打开"根据格式设置创建新样式"对话框（见图6-10），分别设置"名称"为封面标题，"样式类型"为段落，"格式"为宋体、一号、加粗，对齐方式为居中。

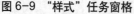

图 6-9　"样式"任务窗格

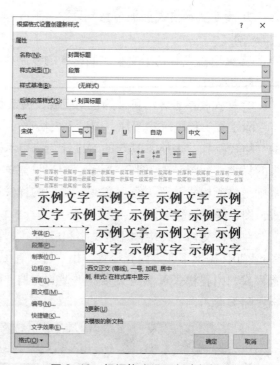

图 6-10　根据格式设置创建新样式

③ 单击"格式"按钮，可对"字体"、"段落"、"制表位"、"边框"、"语言"、"图文框"、"编号"和"快捷键"等进行设置。这里要求2倍行距，需要进入"段落"项进行设置。

注意： 若"样式类型"选择为字符，则"段落"项灰色显示，当前不可用。

④ 在"样式基准"下拉列表中选择基准样式，可根据已有有样式进行修改。如果不希望新的样式受到其他样式的影响，则选择"无样式"。

⑤ "后续段落样式"指使用当前样式设置的段落后，下一个新段落应用的样式。选中"添加到样式库"，在"开始"主选项卡的"样式"组中便可查看到该样式。选择"仅限此文档"，新样式仅在当前的文档中存在，如希望在以后新建文档时也带有该新建样式，需选中"基于该模板的新文档"。

⑥ 设置样式快捷键。样式创建完之后可以直接套用，但为了更加方便快捷地应用新建的样式，可为该样式设置快捷键。在"根据格式设置创建新样式"对话框，单击对话框底部"格式"按钮，从弹出的下拉列表中选择"快捷键"选项，即可打开"自定义键盘"对话框。将光标定位于"请按新快捷键"文本框中，并按键盘上的组合键（可由用户自定义，这里按下【Ctrl+1】），然后单击"将更改保存在"下拉按钮，从弹出的下拉列表中选择相应的选项，最后单击"指定"按钮，此时指定的组合键就添加到"当前快捷键"文本框中（见图6-11），关闭对话框即完成设置。

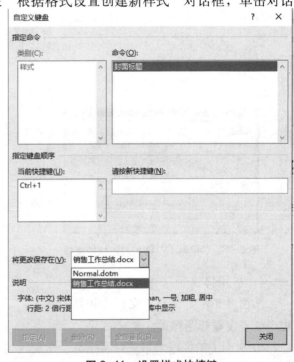

图6-11　设置样式快捷键

以上所有的设置完成后，单击"确定"按钮，就完成了用户自定义样式。在"样式"任务窗格中就会出现"封面标题"样式，此后就可以像使用默认样式那样使用它。

2. 修改样式

Word 2016提供了比较丰富的内建样式，可直接使用，当然，如果觉得内置样式不能满足文档格式的要求，除了创建自定义样式外，还可以对Word 2016中的内建样式进行修改。

例如，根据要求，修改"标题1"样式，将字体大小修改为二号。操作步骤如下：

在"样式"任务窗格中，选中需要修改的样式，右击，在弹出的快捷菜单中选择"修改"命令（见图6-12），打开"修改样式"对话框，此对话框和"根据格式设置创建新样式"对话框基本一致，不再细述。这里直接将字体大小修改成二号，单击"确定"按钮即可。

3. 删除样式

在Word中，用户不能删除Word提供的内置样式，只能删除用户自定义的样式。

如果文档中不需要自定义样式又如何删除呢？在"样式"任务窗格中，选中需要删除的样式，右击"删除"命令即可（见图6-13），此处删除了之前创建的封面标题样式。

注意：在快速样式库中右击删除，只是从样式库中删除，该样式不在快速样式库中显示，仍可在"样式"任务窗格中找到该样式。

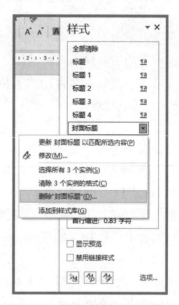

图6-12　"标题1"样式右键快捷菜单　　　图6-13　删除"封面标题"样式

4. 应用样式

前面介绍了如何自定义样式和修改样式，下面根据公司规定的格式，在文档编辑过程中统一设置标题样式，要求如下：

① 封面上的标题采用"封面标题"样式。

② 正文中章名（一级标题）使用样式"标题1"（修改过的内置样式，字号为二号）。

③ 小节名（二级标题）使用内置样式"标题2"。

④ 目名（三级标题）使用内置样式"标题3"。

⑤ 正文中除章节标题外，其余部分使用"文档正文"样式（自定义样式，"样式类型"为段落，"字体格式"为宋体、小四，对齐方式为两端对齐，行距为1.5倍行距，首行缩进两个字符。）

解读以上要求：需要使用的"封面标题"样式已创建好，章名使用的"标题1"样式已修改好，二级标题使用内置"标题2"样式，三级标题使用内置"标题3"样式，无须改动，此处需要创建"文档正文"样式，并将上述4种样式分别应用到文档中。

① 此时，"封面标题"、"标题1"、"标题2"及"标题3"样式已准备就绪，可在文档中对应内容设置相应的样式。将光标定位于需要设置的段落中，然后单击"开始"选

项卡"样式"选项组中的"其他"按钮，从弹出的下拉列表中选择相应的样式（见图6-14），即可将相应样式应用到指定的文档段落中。根据上述操作，将文档中所有的章节标题应用对应的样式，效果如图6-15所示。

图 6-14　设置"封面标题"样式

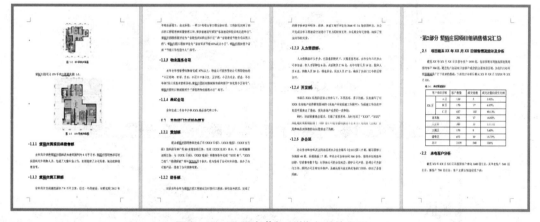

图 6-15　设置章节标题样式后效果图

② 完成一系列章节标题样式的设置，剩下的文档正文部分需创建新样式并应用，操作步骤和之前一致，因正文部分段落多篇幅长，而Word 2016中新建空白文档输入内容时，默认为"正文"样式，此处重点介绍通过替换来快速完成"文档正文"样式设置。首先，新建"文档正文"样式，如图6-16所示；其次，将光标定位于"正文"样式的段落中，此时可观察到"开始"选项卡"样式"组的样式库中"正文"样式为选中状态（灰框突出显示），右击"正文"样式，在下拉列表中选择"选择所有344个实例"，如图6-17所示，此时文档中所有应用"正文"样式的段落已全部选中；最后，单击样式库中新建好的"文档正文"样式，这时，原来"正文"样式的段落已全部完成了"文档正文"样式的应用。

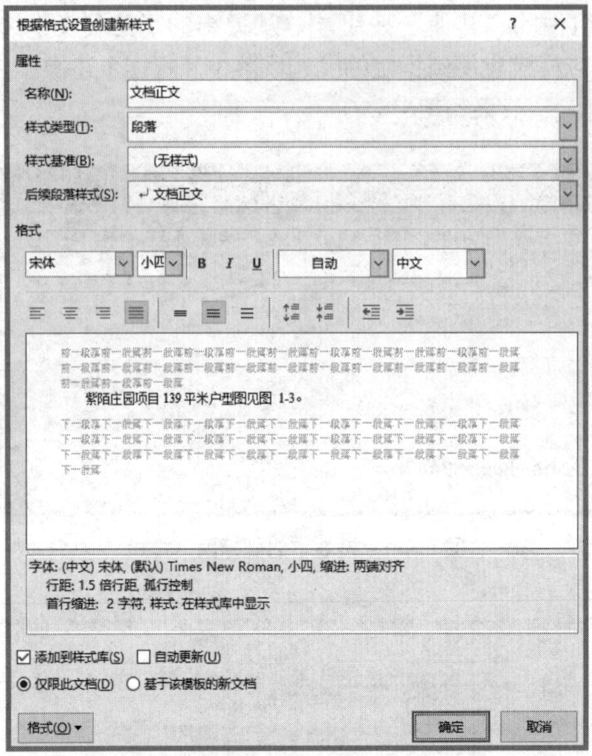

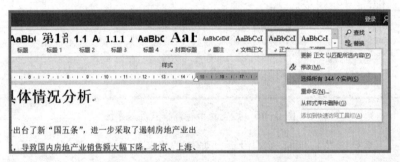

图 6-16　新建"文档正文"样式

图 6-17　选择所有"正文"样式实例

相关知识与技能

　　就像装修房子前先设计图纸，造房子先打桩，在编辑文档前要建立文档的框架，规划版面的设计工作，确定文中标题样式，并让其自动编号。统一应用了自动编号的标题样式，在后期生成目录、按章节进行题注编号变得易如反掌，也省去了格式设置的重复性工作，并让文档更规范、更整齐。

技巧与提高

一、视图选择

Word 2016中提供了多种视图：页面视图、阅读版式视图、Web版式视图、大纲视图、草稿视图。在编辑长文档时，可以自由在几种视图中选择。

1. 页面视图

页面视图是Word 2016默认的视图方式，使用频率较高。此视图是所见即所得视图模式，方便查看文档的打印外观，可以显示出页面大小、布局，编辑页眉和页脚，查看、调整页边距，处理分栏及图形对象。

2. 阅读版式视图

此视图方式下最适合阅读长篇文章。在阅读视图方式下可以自由地调节页面的显示比例、列宽和布局，但不允许对Word文档进行编辑操作。

3. Web 版式视图

Web版式视图一般用于创建Web页，它能够模拟Web浏览器来显示文档。在该视图下不会显示页码和章节号等信息，文本将以适应窗口的大小自动换行。

4. 大纲视图

在大纲视图下，可以创建大纲并检查Word文档的结构。切换到大纲视图后，屏幕上会显示"大纲"选项卡，通过选项卡命令可以选择查看文档的标题、升降各标题的级别。

5. 草稿视图

草稿视图下可以完成大多数录入和编辑工作，也可以设置字符和段落格式，但是只能将多栏显示为单栏格式，无法显示页眉、页脚、页号、页边距等，此时页与页之间使用一条虚线表示分页符，这样更易于编辑与阅读文档。

Word的不同视图提供了多样化的选择方案，用户可以根据具体应用场景和个人喜好加以选择。通过功能区的视图按钮可以方便地进行视图切换，如图6-18所示。这里只要单击对应的视图按钮就可以切换至相应的视图。另外，Word窗口的状态栏（位于窗口最底部）中提供了"阅读视图"、"页面视图"和"Web版式视图"3种视图的切换按钮，如图6-19所示。

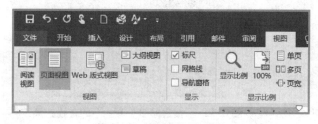

图 6-18 "视图"选项卡

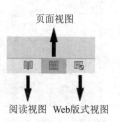

图 6-19 状态栏视图切换按钮

二、导航窗格

Word 2016中的导航窗格，无论是哪种视图，都可以搭配导航窗格，帮助用户清晰地查看各级标题的层次结构，快速定位到每个章节，这在长文档的编辑和阅读时尤为方便。

选择"视图"选项卡中的"显示"组，选中"导航窗格"复选框，如图6-18所示。这时在文档的右侧显示导航窗格，如图6-20所示。导航窗格中提供了3种导航方式，分别为标题导航、页面导航和结果导航，通过搜索文档栏下的3个选项"标题"、"页面"、"结果"进行切换。

如果文档中已经配合使用了统一的标题样式，标题导航是不错的选择，图6-20中显示的就是标题导航，看上去层次清晰、结构简单。在编辑过程中，单击标题可以实现在文档中的快速移动，方便定位到文档中的各个位置。

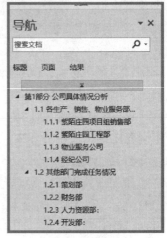

图 6-20　导航窗格

在Word 2016中，配合导航窗格可以方便地实现查找和替换。例如，在编辑过程需要查找"物业服务"几个字样。这时，可直接在导航窗格的"搜索文档"栏中输入"物业服务"，无须回车，即可直接在导航窗格中将搜索结果显示出，如图6-21所示。这时查找内容所在的位置以橙色突出显示，就可以在不同位置任意切换查看。另外，也可以单击"开始"选项卡"编辑"组中的"查找"按钮，在文档左侧会自动打开导航窗格，并自动把导航方式切换到"结果"，在"搜索文档"栏中输入需要查找的内容即可完成查找。在这里，无论是"标题导航"方式还是"搜索导航"方式，都能清楚地标记出查找内容，"搜索导航"方式下的查找效果如图6-22所示。

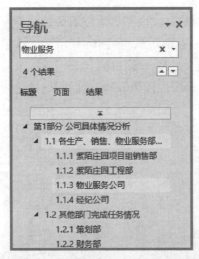

图 6-21　"标题导航"方式下的查找效果

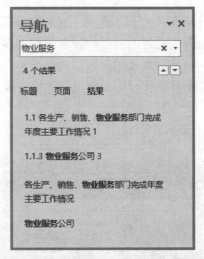

图 6-22　"搜索导航"方式下的查找效果

在Word 2016中不仅可以查找和替换字符，还可以查找和替换字符格式。这里以"物业服务"为例，需要将字体颜色修改成"红色"，若手工替换会麻烦且容易遗漏，这时，需要借助"替换"功能实现格式修改。操作步骤如下：

① 在光标定位在正文的开始处，单击"开始"选项卡"编辑"组中的"替换"按钮，打开"查找和替换"对话框，如图6-23所示。

② 将光标置于"查找内容"文本框中，输入查找的文字"物业服务"，单击"更多"按钮，以显示更多的查找选项，单击"格式"按钮，在弹出的下拉列表中选择"字体"命令，打开"查找字体"对话框，可以选择要查找的字体、字号、颜色、加粗等选项。完成后，返回"查找和替换"对话框。

③ 将光标置于"替换为"文本框中，单击"格式"按钮，在弹出的下拉列表中选择"字体"命令，打开"替换字体"对话框，可以选择要替换的字体、字号、颜色等选项。此例中，将替换的字体颜色选择为"红色"。

④ 返回"查找和替换"对话框，观察要替换的格式，确认后在"替换为"文本框中输入"物业服务"，并在"搜索"下拉列表框中选择"向下"，如图6-23所示。单击"全部替换"按钮，实现格式的替换，完成后关闭"查找和替换"对话框。

图 6-23 "查找和替换"对话框

创新作业

毕业论文是比较典型的长文档，一般学校会对论文的格式有比较严格的规定，下面以提供的素材"毕业论文"为例，对文档进行排版。要求：

① 设置文档纸张为A4纸，上、下边距为2.5厘米，左、右边距为2.5厘米，且预留装订线（左边）1厘米，页脚距边界1.5厘米，页眉距边界1.5厘米。

② 章名使用样式"标题1"，并居中。

③ 小节名使用样式"标题2"，左对齐。

④ 修改样式"标题3"，字体为宋体，四号，左对齐，行间距为1.5倍行距，将该样式应用到第三级标题中。

⑤ 新建样式，样式名为"样式+学号"，并添加到Normal模板中。要求：

- 字体：中文字体为"楷体–GB2312"，西文字体为 Times New Roman，字号为小四。
- 段落：首行缩进 2 字符，–段前 0.5 行，段后 0.5 行，行距 1.5 倍。
- 设置该样式快捷键【Ctrl+9】，其余格式，默认设置。

⑥ 将上述样式应用到正文中的段落。

⑦ 对出现"（1）""（2）"……处，进行自动编号，编号格式不变。

项目二　销售总结注释——Word 2016 文档注释与交叉引用

项目描述

在紫陌庄园项目总结报告中，经常需要出现一些专业名词或缩写词需要一些文本进行补充说明，要如何实现？同时，文档中还经常需要插入一些图片和表格，当图片和表格的数量比较多时，标注处理起来会觉得很难统一。该怎么解决这些问题？

项目分析

平时在阅读时，会发现在一些专业名词边上有一个小数字或符号，在页面底部或者章节结尾的地方可以看到相应的解释，这就是脚注和尾注。引入了脚注尾注，就可以方便地解决专业名词或缩写词的补充说明。

在插入图片和表格时，可以插入题注进行统一标注和自动编号，要尽量避免手工标注和编号。

项目实现

本项目的相关知识点及实现方法请扫描二维码，打开相关视频进行学习。

一、脚注和尾注

脚注和尾注用于为文档中的文本提供解释、批注以及相关的参考资料。脚注一般位于页面的底部，可以作为文档某处内容的注释。尾注一般位于每节或文档的末尾，可作为文档某处内容的注释，多用于说明引用的文献。

●……… 微课

项目二注释
●……

1. 插入脚注和尾注

脚注或尾注由两个互相链接的部分组成：注释引用标记和与其对应的注释文本。用户可让Word自动为标记编号，或创建自定义的标记，在添加、删除或移动自动编号的注释时，Word将对注释引用标记重新编号。

如图6-24所示，通过插入脚注为“四限”进行注释。具体步骤如下：

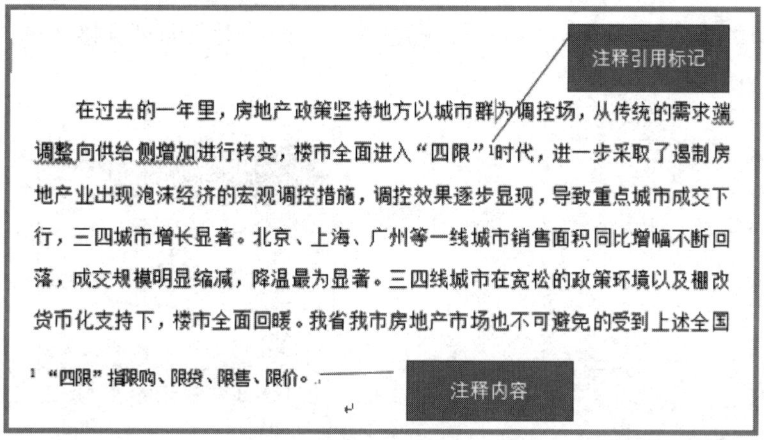

注释引用标记
在过去的一年里，房地产政策坚持地方以城市群为调控场，从传统的需求端调整向供给侧增加进行转变，楼市全面进入“四限”¹时代，进一步采取了遏制房地产业出现泡沫经济的宏观调控措施，调控效果逐步显现，导致重点城市成交下行，三四城市增长显著。北京、上海、广州等一线城市销售面积同比增幅不断回落，成交规模明显缩减，降温最为显著。三四线城市在宽松的政策环境以及棚改货币化支持下，楼市全面回暖。我省我市房地产市场也不可避免的受到上述全国
¹ “四限”指限购、限贷、限售、限价。
注释内容

图 6-24　脚注

将插入点放置需要添加标记的位置，单击“引用”选项卡中“脚注”组中的“插入脚注”按钮，如图6-25所示，这时在插入点的位置插入了注释引用标记“1”，并在页面底部出现一个脚注窗口，即可输入注释文本。

设计
布局
引用
邮件
插入尾注
下一条脚注
显示备注
插入脚注
插入引文
脚注

图 6-25 【插入脚注】命令

如果在同一个页面上插入多个注释，注释标记会自动按照在文档中的位置进行顺序编号。

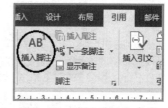

文档中通过插入尾注为“房子是用来住的，不是用来炒的”这段话说明了引用出处，插入尾注的方法和插入脚注类似（见图6-25），单击“插入尾注”按钮即可。在默认情况下，尾注的注释文本位于文档尾部，插入尾注后的效果如图6-26所示。

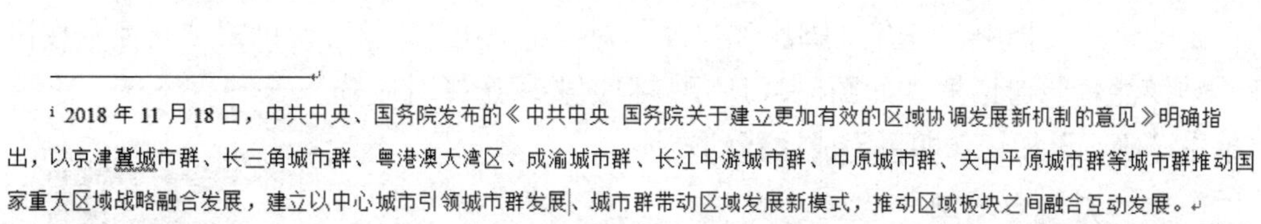

i 2018年11月18日，中共中央、国务院发布的《中共中央 国务院关于建立更加有效的区域协调发展新机制的意见》明确指出，以京津冀城市群、长三角城市群、粤港澳大湾区、成渝城市群、长江中游城市群、中原城市群、关中平原城市群等城市群推动国家重大区域战略融合发展，建立以中心城市引领城市群发展、城市群带动区域发展新模式，推动区域板块之间融合互动发展。

图 6-26　插入尾注

2. 编辑脚注和尾注

如果在插入脚注尾注时修改格式或者调整位置，可单击“脚注”组右下角的“脚注

和尾注"启动器按钮 ⬚ ，打开"脚注和尾注"对话框，如图6-27所示。

通过"脚注和尾注"对话框可以实现位置调整、格式设置等。通过"位置"选择脚注或尾注注释文本在文档中的位置，通过"格式"可实现编号格式的多样化选择。

在编辑脚注和尾注时，还可以切换到草稿视图，调出备注窗格，实现对所有脚注、尾注、尾注分隔符、尾注延续分隔符等对象的编辑。操作步骤：首先，切换到"草稿视图"，然后单击"引用"选项卡"脚注"组中的"显示备注"按钮（见图6-28），此时在草稿视图窗口的下方打开"备注窗格"，通过选择不同的对象即可直接在编辑栏中进行设置，如图6-29所示。

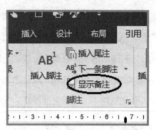

图 6-28 "显示备注"按钮

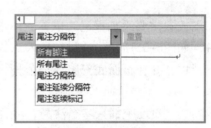

图 6-27 "脚注和尾注"
对话框

图 6-29 草稿视图下的
"备注窗格"

3. 脚注和尾注之间的转换

在文档中插入脚注或尾注之后，还可随时在脚注与尾注之间互相转换，也可以统一转换成一种注释。

在要编辑的文档中，打开"脚注和尾注"对话框（见图6-27），单击"转换"按钮，打开"转换注释"对话框，如图6-30所示。根据要求选择对应选项，单击"确定"按钮，即可完成注释的转换。

二、题注及交叉引用

在Word 2016中，可以为图片或图形、表格、公式等添加自动编号的题注，如图1-1，表2-1，公式3-1等。题注由标签和编号组成。用户可以选择Word提供的标签和编号方式，也可以自定义标签。

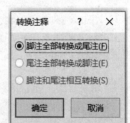

图 6-30 "转换注释"
对话框

使用题注功能可以保证长文档中图片、表格或图表等项目能够顺序地自动编号。当移动、插入或删除带题注的项目时，Word可以自动更新题注的编号，而且在交叉引用的地方也会自动更新。

1. 标题的自动编号

对于长文档，建议为对象创建包含章节号的题注。例如"图1-1"，这里的第一个数字"1"表示对象在文档中所属章节的编号，第二个数字"1"表示对象在所属章节中的序号。在创建包含章节号的题注前，需要提前为文档中的各级标题设置自动编号。通过多级列表实现标题的自动编号，不但减少了编辑工作量，让格式统一规范，还直接关系到题注的自动生成。

在项目一中，完成了文章中各级标题样式的设置，对文档的章名使用样式"标题1"，对小节名使用样式"标题2"。下面为标题设置多级自动编号。

① 单击"开始"选项卡"段落"组中的"多级列表"按钮，在下拉列表中选择"定义新的多级列表"命令（见图6-31），打开"定义新多级列表"对话框。

在打开的对话框中可以设置标题的多级自动编号，先在对话框的左下侧单击"更多"按钮，看到的效果如图6-32所示。

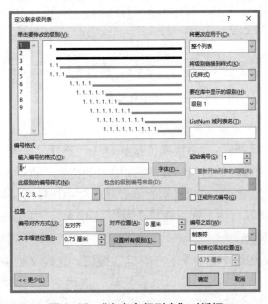

图6-31　多级列表　　　图6-32　"定义多级列表"对话框

② 在"定义新的多级列表"对话框中进行第1级编号设置，在"单击要修改的级别"中选择"级别1"；"将级别链接到样式"选择"标题1"；在"此级别的编号样式"中选择阿拉伯数字"1，2，3…"；"起始编号"选择"1"；"输入编号的格式"文本框中，在编号"1"的两边输入文字，将编号格式设为"第1部分"。设置完成后的效果如图6-33所示。

③ 在"定义新的多级列表"对话框中进行第2级编号设置，在"单击要修改的级别"中选择"级别2"；"将级别链接到样式"选择"标题2"；"包含的级别编号来自"选择"级别1"，此时"输入编号的格式"框中出现一个带灰色底纹的"1"，这时在框中"1"的右边输入"."，在"此级别的编号样式"中选择阿拉伯数字"1，2，3…"，编号格式显示为"1.1"；"起始编号"选择"1"。设置完成后效果如图6-34所示。

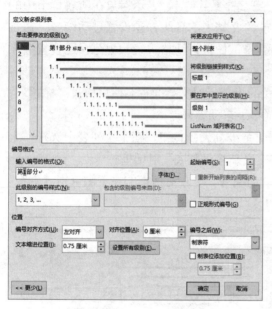
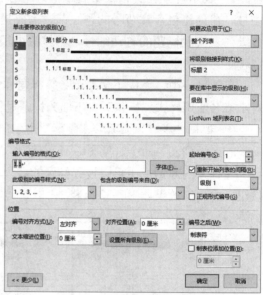

图 6-33　第 1 级编号设置　　　　　　　　图 6-34　第 2 级编号设置

④ 在"定义新多级列表"对话框中进行第3级编号设置，在"单击要修改的级别"中选择"级别3"；"将级别链接到样式"选择"标题3"；"包含的级别编号来自"先选择级别1再选择级别2，此时"输入编号的格式"框中出现"1.1"，这时在框中"1.1"右边输入"."，然后在"此级别的编号样式"中选择阿拉伯数字"1，2，3…"，使编号格式显示为"1.1.1"（注：这里的"."需手工输入）；"起始编号"选择"1"。设置完成后的效果如图6-35所示。

设置完成后，单击"确定"按钮，这时文档中对应的各级标题完成了自动编号，如图6-36所示。细心的读者会发现，选中"第1部分"几个字时，会有灰色的底纹，意味着这是一个域。域是文档中的变量，它会根据文档的变动或相应因素的变化而自动更新。在应用标题样式时，域就会根据实际情况变化自动进行编号，帮助用户从烦琐的编号设置中解脱出来，中途编号项移动、删除、变更时，它都会自动更新。

2. 添加题注和交叉引用

设置完各级标题的自动编号后，就可以着手为文章中的图、表等对象添加包含章节编号的题注。

公司文档格式中要求：

① 对正文中的图添加题注“图”，位于图下方。

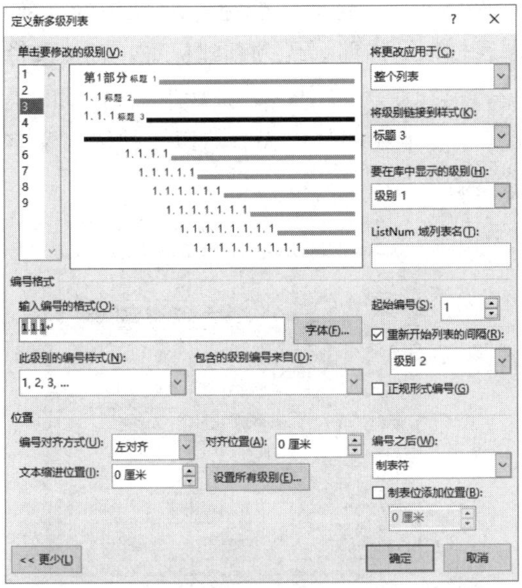

图 6-35　第 3 级编号设置

第1部分 公司具体情况分析

在过去的一年里，房地产政策坚持“房子是用来住的，不是用来炒的”基调，地方以城市群为调控场，从传统的需求端调整向供给侧增加进行转变，楼市全面进入“四限”时代，进一步采取了遏制房地产业出现泡沫经济的宏观调控措施，调控效果逐步显现，导致重点城市成交下行，三四城市增长显著。北京、上海、广州等一线城市销售面积同比增幅不断回落，成交规模明显缩减，降温最为显著。三四线城市在宽松的政策环境以及棚改货币化支持下，楼市全面回暖。我省我市房地产市场也不可避免的受到上述全国性大环境、大气候的影响，出现冷热不均的现象，公司项目所在地由于政策影响，销售业绩也面临严峻的考验。一年里，紫陌庄园项目组全体员工共同努力，最终完成并超额完成公司下达任务指标，项目经历了从无到有，从少到多的客户积累，现将一年来的具体工作情况进行分析。

1.1　各生产、销售、物业服务部门完成年度主要工作情况

图 6-36　编辑时的标题自动编号效果图

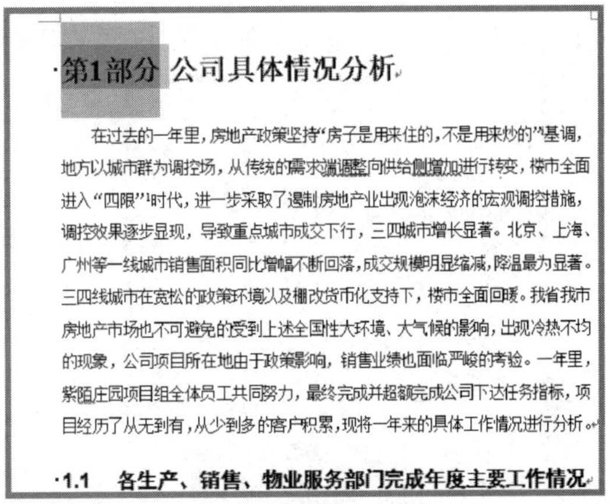

② 图的编号为“章序号”-“图在章中的序号”，(例如第1章中的第2幅图，题注编号为1-2)；

③ 对正文中出现“如下图所示”的“下图”，使用交叉引用，改为“如图X-Y所示”，其中“X-Y”为图题注的编号。

④ 对正文中的表添加题注“表”，位于表上方。

⑤ 表的编号为“章序号”-“表在章中的序号”，(例如第1章中第1张表，题注编号为1-1)。

⑥ 对正文中出现“如下表所示”的“下表”，使用交叉引用，改为“如表X-Y所示”，其中“X-Y”为表题注的编号。

操作步骤一：选定要添加题注的图片，或直接将插入点放置在需要插入题注的位置。单击“引用”选项卡“题注”组中的“插入题注”按钮（见图6-37），打开“题注”对话框。

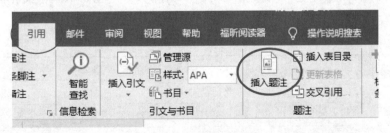

图 6-37 “插入题注”按钮

在“题注”对话框中单击“新建标签”按钮，设置新的标签，输入“图”，如图6-38所示，单击“确定”按钮新建题注“图”。单击“题注”对话框中的“编号”按钮，打

开"题注编号"对话框，如图6-39所示。在"格式"下拉列表中选择阿拉伯数字"1，2，3…"，选中"包含章节号"复选框，在"章节起始样式"中选择"标题1"，"使用分融符"中选择"-（连字符）"。如上设置后，继续对图表插入题注时，无须新建标签，直接选择标签"图"。插入的第一个图片题注为"图1-1"，第二个为"图1-2"，如果是第2章的第一个图片，则题注为"图2-1"，依次类推。在标签文字和序号后面，可以直接输入文字题注文字，并可改变文字的对齐方式，字体格式等。

图6-38 "题注"对话框

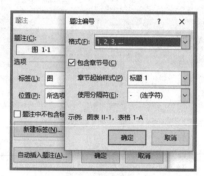

图6-39 "题注编号"对话框

操作步骤二：交叉引用。通过交叉引用，可以将文档中的图片、表格、公式等，与正文中的说明内容建立起对应关系，方便阅读和自动更新。在操作步骤一中，已经为图片插入了题注，可以设置交叉引用。

把插入点定位到需要输入交叉引用的开始部分，单击"引用"选项卡"题注"组中的"交叉引用"按钮，打开"交叉引用"对话框。在"引用类型"下拉列表中选择"图"，然后根据需要引用的内容，选择"引用内容"下拉列表中的选项，此处选择"只有标签和编号"，最后在"引用哪一个题注"选择对应的题注，如图6-40所示。

以题注内容为"图1-2 89平米户型图"为例，具体插入内容如表6-1所示。

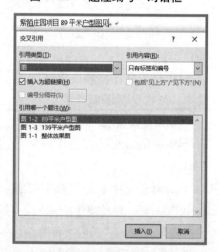

图6-40 "交叉引用"对话框

表6-1 引用内容说明

引 用 内 容	插 入 内 容
整项题注	图 1-2 89 平米户型图
只有标签和编号	图 1-2
只有题注文字	89 平米户型图
页码	当前页的页码
见上方 / 下方	根据图表位置在上方还是下方决定

操作步骤三：为表格添加题注"表"，设置交叉引用，操作过程和上述题注"图"的操作类似，唯一不同的是，表格的题注通常在表格的上方，这里不再重复。

相关知识与技能

应用了题注和交叉引用后，可以实现对"图"、"表"编号的自动维护。假设在第一张图前面插入了一张图后，Word会自动把原来的第一张图的题注"图1-1"改为"图1-2"，文档中引用的"图1-1"也自动变为"图1-2"。

注意：这时尽管题注已自动更新编号，但在文档中交叉引用部分需要手动更新，这是一个域更新的操作，全选文档，按快捷键【F9】，即可实现域更新。

技巧与提高

当文档中需要插入的对象比较多时，即便是采用上述插入题注的方法，也会觉得很烦琐，试想一篇文档中若有100张图片，就要把这件事重复做100遍，有没有办法让插入题注这件事再省力些？

Word 2016能自动加入含有标签及编号的题注。

例如，要求在文档中插入表格时，能自动为表格添加题注"表"，位于表格上方，表的编号为"章序号"-"表在章中的序号"（例如第1章中第1张表，题注编号为1-1）。

操作步骤：单击"引用"选项卡"插入题注"按钮，打开"题注"对话框（见图6-38），单击对话框左下角的"自动插入题注"按钮，打开"自动插入题注"对话框，如图6-41所示。在"插入时添加题注"列表中选择要插入题注的对

图6-41　"自动插入题注"对话框

象类别为"Microsoft Word 表格"，单击"新建标签"按钮，输入"表"，新建一个"表"标签，并单击"编号"设置编号方式，在图6-41中选择"格式"为"1，2，3，…"，选中"包含章节号"复选框，在"章节起始样式"中选择"标题1"，"使用分融符"中选择"-（连字符）"，单击"确定"按钮完成设置。之后，在文档插入设置类别的对象时，Word会自动根据设置的格式，为插入的表格添加题注"表"。

如果不需要自动插入题注，可回到"自动插入题注"对话框中删除不想自动插入题注的选项。

创新作业

① 在提供的素材"毕业论文"中，为CSFB、LTE等英文缩写添加脚注，进行说明。

② 为文中的各级标题的编号设置多级列表，实现自动编号，章编号格式为"第X

章"，节编号格式为"X．Y"，X为章（第一级标题）序号，Y为节（第二级标题）序号（例如1.1），目编号格式为"X.Y.Z"，Z为第三级标题序号（例如1.1.1）。

③ 为文中的图添加题注"图"，位于图下方，居中。编号为"章序号"－"图在章中的序号"，（例如第1章中的第2幅图，题注编号为1-2），文中出现的引用使用交叉引用。

项目三　销售总结目录和索引——Word 2016 目录与索引应用

📖 项目描述

报告、书本、论文等长文档中，一般都会有目录部分。目录用来列出文档中的各级标题及标题在文档中相对应的页码，通常放在正文内容之前。在本项目中，需要对文档生成目录，如果是手工输入，很快便会发现这是件麻烦事，目录的页码参差不齐，若文档中页码有了变动，目录会有很大变动，手工修改会更麻烦。

🗡 项目分析

Word 2016中设有文档目录、图目录、表格目录等多种目录类型，支持手动或自动创建目录。使用制表位可以手工创建静态目录，能很好地定位文字、页码，但缺点是目录无法自动更新，是静态的，后期维护不方便。

最好的办法还是自动创建目录，可以尝试使用标题样式、大纲级别等自动生成目录。首先介绍Word的一个概念：大纲级别。Word使用层次结构来组织文档，大纲级别就是段落所处层次的级别编号，Word提供9级大纲级别，对一般的文档来说已足够使用。把视图切换到"大纲视图"，通过选择不同的显示级别，查看标题的层次结构，如图6-42所示。

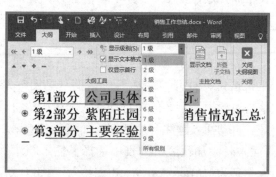

图6-42　大纲工具栏

Word目录的提取是基于大纲级别和段落样式，在Normal模板中已经提供了内置的标题样式，命名为"标题1"、"标题2"，…"标题9"，分别对应大纲级别的1~9。也可以不使用内置的标题样式而采用自定义样式。

需要强调的是，样式关系着各类目录的自动生成。在项目一中，已经为全文统一设置了标题样式，章的标题使用了"标题1"样式，节的标题使用了"标题2"样式，依次类推，统一了标题样式，提取目录就很方便了。

📢 项目实现

本项目的相关知识点及实现方法请扫描二维码，打开相关视频进行学习。

●微课

项目三目录

一、目录生成

要求：使用"引用"选项卡中的目录功能，自动生成目录，显示级别为3级，"标题1"对应目录级别1，"标题2"对应目录级别2，"标题3"对应目录级别3。

方法一：插入点定位在需要插入目录的地方，通常在正文内容之前封面之后，单击"引用"选项卡"目录"组中的"目录"下拉按钮，可观察到Word 2016内置目录样式："手动目录""自动目录1""自动目录2"（见图6-43）直接单击即可生成一个三级目录，这些目录的生成是根据默认的大纲级别。

方法二：默认的3种目录样式具有一定局限性，很多时候需自定义目录样式，这时可选择图6-43中的"自定义目录"命令，打开"目录"对话框，且默认选中"目录"选项卡，其他几个选项卡为灰色字体显示，当前不可用，如图6-44所示。

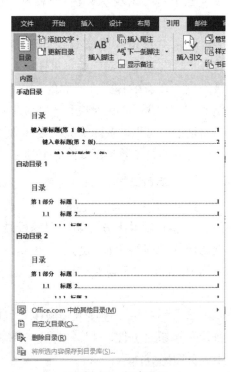

图6-43　创建目录

图6-44　"目录"对话框

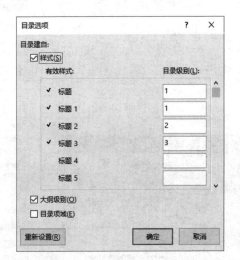

图6-45　"目录选项"对话框

图6-44中"打印预览"显示效果，这里默认套用内建样式"标题1""标题2""标题3"的文本；"Web预览"指在Web浏览器中的显示效果；"制表符前导符"可以选择一种前导符样式；"格式"下拉列表框中可选取目录的多种格式，在预览栏中观察具体效果；"显示级别"可选择在目录中显示标题的级别，如果希望设置4层目录，可在这里选择4，

预览栏中将会出现从标题1~标题4逐层缩进的4层目录。

单击"目录"选项卡右下角的"选项"按钮，打开"目录选项"对话框（见图6-45），可查看到目录级别是在有效样式上建立的，样式"标题1""标题2""标题3"分别对应目录级别1级、2级、3级。在对话框中可根据实际情况设置目录级别。

完成的目录效果图如图6-46所示。

二、图表目录

如果文档中含有大量的插图、表格，添加一个图表目录就显得十分必要。图表目录的创建主要依据为图片或表格添加的题注。在项目二中，已经为文档中的图添加了题注"图"，现在就通过题注生成图目录。

单击"引用"选项卡"题注"组中的"插入表目录"按钮（见图6-47），打开"图表目录"对话框，当前默认选中"图表目录"选项卡，如图6-48所示。

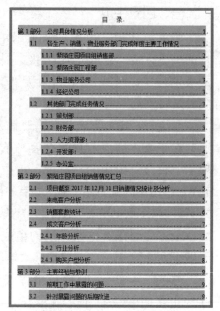

图6-46 完成的目录效果图

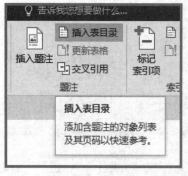

图6-47 "插入表目录"按钮

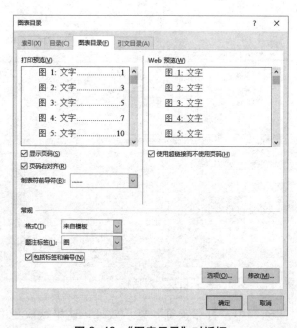

图6-48 "图表目录"对话框

"图表目录"选项卡和"目录"选项卡比较相似，最大的区别在这里有个"题注标签"选项，选择"题注标签"为项目二中自定义的题注"图"，即可创建图目录。通过

"图表目录"选项卡的"选项"按钮，可选择不同图表目录样式。通过"修改"按钮，可修改样式。

完成的图表目录效果图如图6-49所示，可以看到目录文字后面有灰色的底纹，这是域底纹，在打印时不会显示出来。如果后期需要对目录内容进行更新，可以直接选择右键快捷菜单中的"更新域"命令，如图6-50所示。这时会弹出"更新图表目录"对话框（见图6-51），选择需要更新的选项单击"确定"按钮即可。

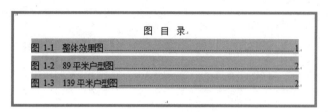

图6-49 完成的图目录效果

图6-50 "更新域"命令

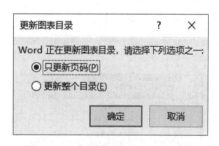

图6-51 "更新图表目录"对话框

相关知识与技能

按照文档的格式要求，目录和图表目录放在正文的前面，文档至此已分成几个部分：封面、目录、图表目录、正文，正文又按不同内容分成了几个章节部分。这时，需要认知"节"的概念，学会分节。

"节"是一篇文档版面设计的最小有效单位，可为不同的节设置不同的页边距、纸型或方向、页面边框、页眉页脚等。在建立新文档时，Word将整篇文档视为一节，为了便于对文档进行格式化，可以将文档分割成任意数量的节，然后就可以根据需要分别为每节设置不同的格式。

分节操作是通过插入分节符实现。

现在需要为文档各部分进行分节，封面、目录、图表目录各分为一节，正文中每个章节分为一节。

操作步骤：光标定位在需要插入分节符的位置，单击"布局"选项卡"页面设置"组中的"分隔符"下拉按钮，如图6-52所示。在4种不同类型的分节符中选择需插入的分节符，具体说明如表6-2所示。

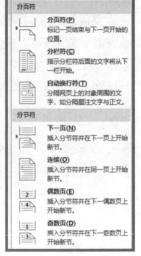

表6-2　分节符类型说明

分节符类型	具 体 说 明
下一页	插入分节符并在下一页上开始新节
连续	插入分节符并在同一页上开始新节
奇数页	插入分节符并在下一偶数页上开始新节
偶数页	插入分节符并在下一奇数页上开始新节

图6-52　插入分隔符

本例中，程序需要插入的分节符大部分为"下一页"类型。插入后，在页面上显示一条双点线，在中央位置有"分节符（下一页）"字样。

注意： 在页面视图下，需要选中"开始"选项卡"段落"组中的"显示/隐藏编辑标记"，才能观察到分节符。在草稿视图中，可以方便地查看到分节符和分页符。在草稿视图下观察插入后的效果如图6-53所示。

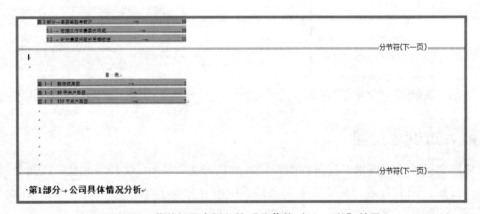

图6-53　草稿视图中插入的"分节符（下一页）"效果

根据以上步骤依次插入分节符，使封面、目录、图表目录各分为一节，正文中每个章节分为一节。

技巧与提高

正文部分有一张表格横向跨度比较长，如果使用A4纸纵向打印则无法全部显示，这时如果能够把表格当前页的纸张设置成A4纸横向打印，问题就会迎刃而解。在没有分节前，整篇文档为一个节，这时纸张要么全部设成纵向，要么全部设成横向。

节是页面设置的最小有效单位，只要把表格所在当前页分成单独一节，就可以把该节的纸张方向设置成A4横向。

操作步骤：首先把表格当前页设置成为单独一节，这时需要在表格前和表格后分别插入分节符。然后，单击"布局"选项卡"页面设置"组右下角的对话框启动器按钮，打开"页面设置"对话框，如图6-54所示。选择"纸张方向"为"横向"，"应用于"下拉列表中选择"本节"，设置后的效果如图6-55所示。

图6-54 "页面设置"对话框

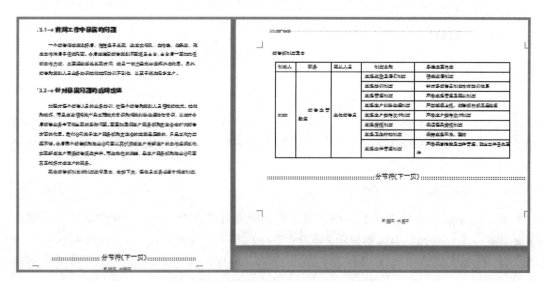

图6-55 分节后纸张方向设为横向的效果图

创新作业

① 对提供的素材"毕业论文"全文进行分节，按论文封面、目录（含图表目录）、摘要和关键字、引言、章节（每个章节为一个节）、致谢和参考文献进行分节，共12个节。

② 使用"引用"中的目录功能自动生成目录，显示3级标题，显示页码并右对齐。自动生成图表目录，显示页码并右对齐。

项目四　销售总结修订——Word 2010 域和修订

项目描述

本项目涉及"域"的概念。其实在前面已经接触到域，例如，在标题自动编号、制作目录、交叉引用、插入题注时，总是看到有些地方会有灰色底纹出现，这里就是一个域。域到底是怎样的一个角色？在Word中又发挥着怎么的作用？在本项目中，将详细介绍一下域。

另外，总结报告完成后，需要部门领导的审核，如何在文档上留下修改的建议和标记而不至于覆盖原文？如何根据标记进行修改？这时就要用到文档的"修订"功能。

项目分析

本项目将分三部步骤来完成：

① 页脚设置。

② 页眉设置。

③ 批注与修订。

项目实现

微课

项目四修订

本项目的相关知识点及实现方法请扫描二维码，打开相关视频进行学习。

在文档中插入页码、页眉页脚也是一项并不可少的工作，通常多样化的页眉页脚会带给读者不一样的阅读体验。页眉页脚中插入的页码、页数、日期、时间等，就是通过插入域来实现自动更新的。

一、页脚设置

例如，希望在本篇总结中添加页脚，使页脚能自动更新，在页脚中插入页码，居中显示，第一页（封面）不需要显示。其中：

① 正文前的节（正文目录和图表目录），页码采用"Ⅰ，Ⅱ，Ⅲ"格式，页码连续.

② 正文中的节，页码采用"1，2，3…"格式，页码连续。

③ 更新正文目录和图表目录。

方法一：通过菜单设置实现。操作步骤如下：

① 单击"插入"选项卡"页眉和页脚"组中的"页码"按钮，选择"页面底端"，在预设样式中选取"普通数字2"，如图6-56所示。这时，在文档每一页的页脚上居中插入了当前页码。

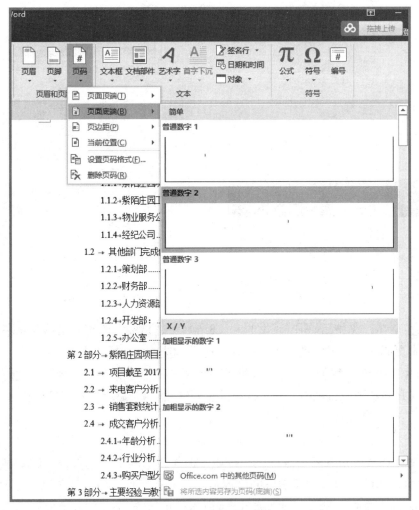

图 6-56　页面底端插入页码

② 插入页码后，进入页眉/页脚编辑状态，此时文档的文字变成灰色，页眉页脚区以虚线画出，将光标定位于第2节（正文目录）的页脚区，选择"页眉和页脚工具-设计"选项卡的【导航】组，观察到"链接到前一条页眉"已选中，如图6-57所示。释放该按钮（上一项目中为各部分进行了分节，若没有分节此按钮为灰色不可用状态），断开该节和前一节的页脚链接关系。回到首页（封面页）页脚区删除页码，这时后面节的页码仍然存在，但仍不符合格式要求，编码格式为阿拉伯数字。

③ 将光标定位于第2节（正文目录）的页脚区，单击"页眉和页脚工具-设计"选项卡"页眉和页脚"组中的"页码"按钮，选择下拉菜单中的"设置页码格式"命令，打开"页码格式"对话框，如图6-58所示。选择"编号格式"为"Ⅰ，Ⅱ，Ⅲ，…"，"页码编号"的"起始页码"为"Ⅰ"。因为这里正文目录和图表目录统一用"Ⅰ，Ⅱ，Ⅲ"格式，所以正文目录和图表目录这两节的页脚链接无须断开。

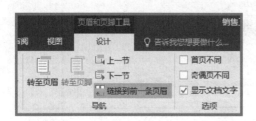

图6-57 "链接到前一条页眉"命令

图6-58 "页码格式"对话框

④ 同第③步，先把第4节（正文）和第3节（图表目录）的页脚链接关系断开，接着设置正文中页码的"编码格式"为"1，2，3…"，"起始页码"为"1"。

⑤ 因为页码已经面目全新，目录得重新更新，目录本身就是一种域，这时光标分别定位于正文目录和图表目录中，右击选择"更新域（U）"命令，或者按快捷键【F9】。

方法二：通过域操作实现。操作步骤如下：

① 将光标定位于文档页脚区居中位置，单击"插入"选项卡"文本"组中的"文档部件"按钮，在其下拉列表中选择"域"命令，如图6-59所示，打开"域"对话框，如图6-60所示。选择"编号"类别中的Page域名，并在"域属性"的格式中选择"1，2，3，…"，单击"确定"按钮，得到的效果同方法一的第④步。如果需要在域代码和域结果间进行要切换，可以右击域，选择快捷菜单中的"切换域代码"命令或按【Shift+F9】快捷键。

② 后面的操作参照方法一。

注意：第①步是通过对话框插入域，当然也可手工输入，等同输入域代码{PAGE*Arabic*MERGEFORMAT}，域特征字符"{ }"一定要通过【Ctrl+F9】快捷键插入。如果需要输入的页码格式为"Ⅰ，Ⅱ，Ⅲ，…"，则可通过右击域，选择"编辑域"命令，重新打开"域"对话框进行修改，或直接手工修改域代码。

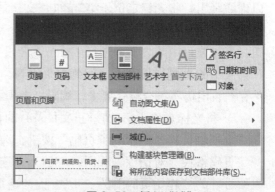

图6-59 插入"域"

图 6-60　"域"对话框

二、页眉设置

如果希望在本篇总结中添加页眉，使页眉能自动更新，可按以下要求给正文部分添加页眉，第一页（封面）、第二页（正文目录）、第三页（图表目录）不需要显示。其中：

① 左对齐显示公司名称"紫陌庄园"。

② 右对齐显示章节信息，页眉中的文字为"章序号"+"章名"。

操作步骤如下：

① 将光标定位到第4节（正文开始页）的页眉区，选择"页眉和页脚工具-设计"选项卡的"导航"组，释放该按钮，断开该节和前一节页眉的链接关系。

② 进入正文部分页眉区进行编辑，输入文本"紫陌庄园"，然后按两下键盘上的【Tab】键，将光标定位右边实现右对齐。然后，单击"页眉和页脚工具-设计"选项卡"插入"组中的"文档部件"按钮，在下拉列表中选择"域"命令，打开"域"对话框，（见图6-60）。选择"链接和引用"类别中的StyleRef 域名，"样式名"选为"标题1"，单击"确定"按钮，如图6-61所示。得到的域结果为当前页中找到的第一个具有"标题1"样式的文本，显示效果如图6-62所示。

不难发现，与题目要求的"章序号"+"章名"相比还少了章序号，这时需要再插入一个StyleRef域，用来显示样式的段落编号。在图6-61中选择域选项为"插入段落编号"。

图 6-61 设置插入段落编号

图 6-62 插入页眉后的显示效果

本例操作完成后，效果图如图6-63所示。

图 6-63 最终效果图

三、批注和修订

总结报告完成后，现在要将这份报告呈送部门经理和公司领导进行审核。在打开修订功能的情况下，可以方便地查看到在文档中所做的所有更改，用于保护文档；批注则是审阅者为文档的一些地方做出注释，用来表达审阅者的意见。

一般情况下，可以先设置修订用户名，通过单击"审阅"选项卡"修订"组右下角的对话框启动器按钮 ⌐，打开"修订选项"对话框，单击"更改用户名"按钮（见图6-64），打开"Word选项"对话框。在"常规"选项中修改用户名为"陈经理"，缩写为Chen，如图6-65所示。另外，单击"修订选项"对话框中的"高级选项"按钮，打开"高级修订选项"对话框，设置批注和修订的外观，如图6-66所示。

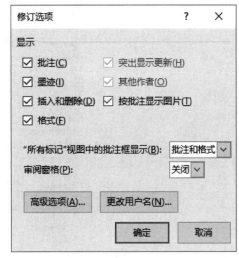

图6-64　"修订选项"对话框

1. 批注

先在文档中选取要进行批注的内容，然后单击"审阅"选项卡"批注"组中的"新建批注"，选中的文本会出现底纹，在页面右边出现一个批注框（可选择嵌入方式或批注框中显示修订）。批注框中可以直接输入意见，如图6-67所示。

插入批注后可以修改，也可以删除。进入批注框后可直接进行修改，"批注"组中的"删除"下拉列表中提供了3种方法删除批注：删除、删除文档中所有的批注和删除所有显示的批注。

图6-65　"Word选项"对话框

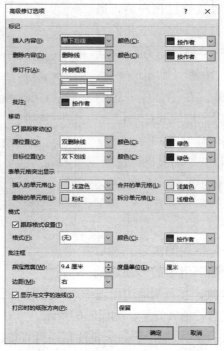

图 6-66 "高级修订选项"对话框

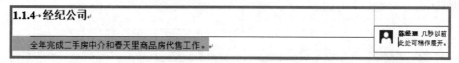

图 6-67 新建批注

2. 修订

修订用来标记审阅者对文档进行的编辑操作，而撰写人可以根据需要接受或拒绝修订。接受了修订，方可承认所做的编辑。

单击"审阅"选项卡"修订"组中的"修订"下拉按钮，使"修订"按钮处于选中状态（见图6-68），这时便打开了修订功能。如果要关闭修订，再单击"修订"按钮，使该按钮恢复原样即可。

启动修订功能后，审阅者对文档的每一次插入、删除、修改格式，都会被自动标记出来，之后对文档进行各种编辑后，系统会在被编辑区域的左边显示一条红线，该红线用于指示修订的位置，如图6-69所示。

图 6-68 选中"修订"按钮

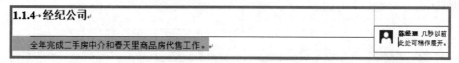

图 6-69 启用修订后效果图

Word 2016为修订提供了4种显示状态：简单标记、所有标记、无标记、原始状态，在不同的状态下，修订以不同的形式进行显示，如表6-3所示。

表6-3　修订的4种显示状态

显 示 类 型	具体显示情况
简单标记	在文档中显示为修改后的状态，但会在编辑过的区域左边显示一条红线，这条红线表示附近区域有修订
所有标记	在文档中显示所有修改痕迹，并在被编辑区域左边显示一条红线
无标记	在文档中隐藏所有修订标记，并显示为修改后的状态
原始状态	在文档中没有任何修订标记，并显示为修改前的状态，即以原始形式显示文档

默认情况下，Word以简单标记显示修订内容，根据操作需要，用户可以随时更改修订的显示状态。为了便于查看文档中的修改情况，一般建议将修订的显示状态设置为所有标记。图6-69中为显示所有标记的效果。

对文档进行修改后，文档编辑者可对修订做出接受或拒绝操作。若接受修订，则文档会保存为审阅者修改后的状态；若拒绝修订，则文档会保存为修改前的状态。根据个人操作需要，可以选择逐条接受或拒绝修订，也可以一次性接受或拒绝修订。通过"审阅"选项卡的"更改"组进行接受或拒绝修订。单击"接受"或"拒绝"下拉按钮 ，在弹出的下拉列表中选择对应的选项，如图6-70所示。

图6-70　"接受"或"拒绝"修订的下拉列表

另外，可以通过Word文档保护的设置来限制审阅者对文档进行修订的类型。

单击"审阅"选项卡"保护"组中的"限制编辑"按钮，打开"限制编辑"任务窗格，如图6-71所示。

在"格式设置限制"栏中，选中"限制对选定的样式设置格式"复选框，然后单击"设置"指定审阅者可应用或更改哪些样式。

在"编辑限制"栏中，选中"仅允许在文档中进行此类编辑"复选框，在下拉列表中选择"修订"、"批注"、"填写窗体"和"不允许任何更改（只读）"中的一项。

如果要对文档中部分区域的编辑进行限制保护，防止他人有意或无意地改动，可只留出部分区域允许他人填写或修改。操作步骤如下：

① 在文档中选中允许其他人进行编辑的全部区域。

② 打开"限制编辑"任务窗格，在"编辑限制"栏选中"仅允许在文档中进行此类型的编辑"复选框，在下拉列表中选择"不允许任何更改（只读）"。

③ 在"例外项"栏选中"每个人"，意味着所有打开此文档的人都可以在例外的可编辑区域进行编辑。

④ 在"启动强制保护"栏中单击"是，启动强制保护"按钮，在弹出的"启动强制保护"对话框（见图6-72），选中"密码"单选按钮，并输入密码，单击"确定"按钮后，就会发现文档在可编辑区域是可以进行修改的，而其他区域一概无法进行操作。

⑤ 启动保护后，如果要停止对批注和修订的保护，可以在"限制格式和编辑"栏中，单击"停止保护"按钮。当然，如果设置了密码，则需要输入密码才能停止保护。

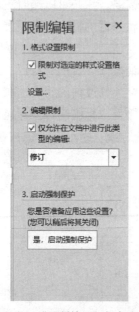

图 6-71 "限制编辑"任务窗格

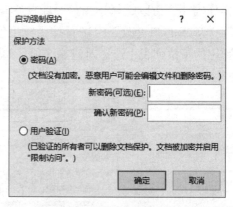

图 6-72 "启动强制保护"对话框

相关知识与技能

在进行域操作时，使用快捷键可让操作更方便、快捷，常用的域操作快捷键如表6-4所示。

表 6-4 常用的域操作时快捷键

快 捷 键	作 用
F9	更新当前选择的域，可通过全选更新全文中的域
F11	选择文档中的下一个域
Shift+F11	选择文档中的上一个域

快 捷 键	作　　用
Ctrl+F9	插入域特征字符
Shift+F9	显示或者隐藏指定的域代码
Alt+F9	显示或者隐藏文档中所有域代码
Ctrl+F11	锁定某个域，以防止修改当前的域结果
Ctrl+Shift+F11	解除锁定，以便对域进行更改
Ctrl+Shift+F9	解除域的链接，原来的域结果变为常规文本

技巧与提高

如果把完成的报告送呈领导审核时，忘了启用修订功能，领导拿到报告也直接在文档上进行修改，也没有留下任何修订标记，即便这样，仍然可以通过"比较"的功能来查看哪些地方进行了修改。操作步骤如下：

① 新建一个Word文档，单击"审阅"选项卡"比较"组中的"比较"下拉按钮，选择"比较"命令，意为比较文档的两个版本，如图6-73所示。在打开的"比较文档"对话框（见图6-74）的"原文档"中选择递交前的文档，在"修订的文档"下拉列表中选择领导修改过的文档，单击"更多"按钮，可以选择比较设置和显示修订选项，此处不进行修改，默认即可，单击"确定"按钮。

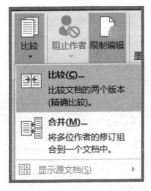

图 6-73　"比较"下拉列表　　　图 6-74　"比较文档"对话框

② 执行第①步后，会自动生成一个新文档，详细显示两文档比较的结果，如图6-75所示。窗口中由"修订"任务窗格、"比较的文档"、"原文档"和"修订的文档"四部分组成，在左边的"修订"任务窗格中详细列出来了7处修订的地方，接下来，可以使用"审阅"选项卡的"更改"组，接受或拒绝新建文档中的修订。

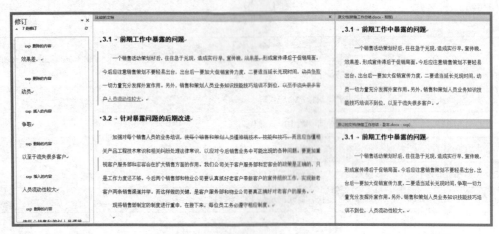

图 6-75　两文档比较后的结果

创新作业

① 对素材"毕业论文"进行页脚设置，论文封面不显示页脚、正文前的节，页码采用"i，ii，iii…"格式，页码连续。

② 正文中的节，页码采用"1，2，3…"格式，页码连续，并且每节总是从奇数页开始。

③ 更新目录、图表目录。

④ 添加正文的页眉。使用域，按以下要求添加内容，居中显示。其中，对于奇数页，页眉中的文字为"嘉兴职业技术学院论文（设计）"，左对齐，对于偶数页，页眉中的文字为"章序号"+"节名"，右对齐，并思考如何把页眉中的下画线删除。

⑤ 完成后的毕业论文需要递交给指导老师进行指导和审阅，给文档启用批注和修订功能，运用"审阅"选项卡，根据批注和修订完成终稿。